U0381458

WPS Office办公应用
从小白到高手（微视频版）

张立铭　郭俊凤　编著

清华大学出版社

北 京

内 容 简 介

本书以通俗易懂的语言、翔实生动的案例全面介绍了WPS Office软件的使用方法和技巧。全书共分14章，内容涵盖了创建和编辑WPS文档、编辑与排版文档、文档的图文混排、在文档中绘制表格、文档的高级排版设计、创建与编辑WPS表格、公式与函数计算、管理表格数据、分析表格数据、创建与编辑WPS幻灯片、编辑与美化幻灯片、应用多媒体与动画设计、放映与发布演示文稿、WPS云办公和移动端操作等，力求为读者带来良好的学习体验。

与书中内容同步的案例操作二维码教学视频可供读者随时扫码学习。本书具有很强的实用性和可操作性，可以作为初学者的自学教材，也可作为人力资源管理人员、商务及财务办公管理人员的首选参考书，还可作为高等院校和会计电算化培训班的授课教材。

本书对应的电子课件、实例源文件可以到http://www.tupwk.com.cn/downpage网站下载，也可以通过扫描前言中的二维码获取。本书配套的教学视频可以扫描前言中的二维码直接观看学习。

图书在版编目（CIP）数据

WPS Office 办公应用从小白到高手：微视频版 / 张立铭，郭俊凤编著.
—北京：清华大学出版社，2022.6

ISBN 978-7-302-60941-4

Ⅰ. ① W… Ⅱ. ①张… ②郭… Ⅲ. ①办公自动化—应用软件 Ⅳ. ① TP317.1

中国版本图书馆CIP数据核字(2022)第088977号

责任编辑：胡辰浩
封面设计：高娟妮
版式设计：妙思品位
责任校对：马遥遥
责任印制：丛怀宇

出版发行：清华大学出版社

网　　　址：http://www.tup.com.cn，http://www.wqbook.com
地　　　址：北京清华大学学研大厦A座　　　　邮　　编：100084
社 总 机：010-83470000　　　　　　　　　邮　　购：010-62786544
投稿与读者服务：010-62776969，c-service@tup.tsinghua.edu.cn
质 量 反 馈：010-62772015，zhiliang@tup.tsinghua.edu.cn

印 装 者：三河市铭诚印务有限公司

经　　销：全国新华书店

开　　本：185mm×260mm　　　印　　张：19.75　　　插　　页：1　　　字　　数：445千字
版　　次：2022年7月第1版　　　　　　　　　印　　次：2022年7月第1次印刷
定　　价：108.00元

产品编号：090249-01

本书结合大量可操作实例，深入介绍了使用WPS Office软件在制作WPS文档、WPS表格、WPS演示文稿及云办公和移动办公等方面的操作方法与技巧。书中内容结合了当前实际商务办公方面的需求进行讲解，除了图文讲解以外，通过详细的案例视频操作，可以帮助用户轻松掌握WPS Office软件的各种应用方法。

本书主要内容

第1章是创建和编辑WPS文档：介绍创建与保存文档、输入与编辑文本内容、设置文本格式和设置段落格式等知识与技巧，同时讲解快速移动文本、选择连续的文本等进阶技巧。

第2章是编辑与排版文档：介绍调整文档页面格式、设计页眉和页脚、制作目录和打印文档等知识与技巧，同时讲解分栏显示、自动编号、使用项目符号等进阶技巧。

第3章是文档的图文混排：介绍图片、艺术字、形状、二维码的插入与编辑，以及使用文本框、插入各种图表等知识与技巧，同时讲解文字下沉、带圈字符、插入智能图形等进阶技巧。

第4章是在文档中绘制表格：介绍插入表格、表格的基本操作、美化表格和计算表格数据等知识与技巧，同时讲解表格转文本、合并表格和给单元格编号等进阶技巧。

第5章是文档的高级排版设计：介绍邮件合并、审阅文档、文档的共享和保护等知识与技巧，同时讲解奇偶页双面打印、将文档输出为图片等进阶技巧。

第6章是创建与编辑WPS表格：介绍工作簿、工作表和单元格的基本操作，以及录入数据、编辑数据和美化表格等知识与技巧，同时讲解更改默认的工作表张数、输入身份证号码等进阶技巧。

第7章是公式与函数计算：介绍使用公式、检查与审核公式、函数的基本操作和常用的函数应用等知识与技巧，同时讲解对数值进行四舍五入等进阶技巧。

第8章是管理表格数据：介绍数据排序、数据筛选、数据分类汇总和设置条件格式等知识和技巧，同时讲解筛选重复值、将相同项合并单元格、分列显示数据等进阶技巧。

第9章是分析表格数据：介绍创建与编辑图表、美化与装饰图表、创建与使用数据透视表、创建与设置数据透视图等知识与技巧，同时讲解在图表中插入图片、插入和使用切片器等进阶技巧。

第10章是创建与编辑WPS幻灯片：介绍演示文稿、幻灯片的基本操作，以及设计幻灯片母版和编辑幻灯片内容等知识和技巧，同时讲解将演示文稿保存为模板、编辑讲义母版和备注母版等进阶技巧。

第11章是编辑与美化幻灯片：介绍插入与编辑图片、形状、艺术字、表格、图表等知识与技巧，同时讲解快速替换图片、设置图片边框等进阶技巧。

第12章是应用多媒体与动画设计：介绍创建和编辑超链接、添加音频、添加视频、设置幻灯片动画和幻灯片切换动画等知识和技巧，同时讲解设置超链接到网页、自定义动画路径等进阶技巧。

第13章是放映与发布演示文稿：介绍放映演示文稿、发布演示文稿等知识与技巧，同时讲解快速定位幻灯片、隐藏幻灯片等进阶技巧。

第14章是WPS云办公和移动端操作：介绍WPS云文档的优势、开启云文档同步和桌面云同步的方法，以及在移动端如何开启同步文件夹、将文档下载到手机、使用微信小程序快速分享文档等方法。

本书主要特色

□ 图文并茂，案例精彩，实用性强

本书以上百个实用案例贯穿全书，讲解了使用WPS Office软件在办公应用方面的各种技巧知识，同时精选了在行业应用中的典型案例，系统全面地讲解了WPS Office的实战应用和经验技巧。通过对本书的学习，读者能够在学会软件的同时快速掌握实际应用技巧。

□ 内容结构合理，案例操作扫码即可观看，简单易学

本书涵盖了WPS Office软件常用工具、命令的实用功能，采用"理论知识+实例操作+技巧提示+案例演练"的模式编写，从理论的讲解到案例完成效果的展示，都进行了全程式的图解，让读者快速地掌握办公应用的实战技能。读者还可以使用手机扫描视频教学二维码进行观看，提高学习效率。

□ 免费提供配套资源，全方位扩展应用水平

本书免费提供电子课件和实例源文件，读者可以扫描下方的二维码获取，也可以进入本书信息支持网站(http://www.tupwk.com.cn/downpage)下载。扫描下方的视频二维码可以直接观看本书的教学视频进行学习。

扫一扫，看视频

扫码推送配套资源到邮箱

本书由佳木斯大学的张立铭和哈尔滨金融学院的郭俊凤合作编写，其中张立铭编写了第1、3、6、8、10、11、14章，郭俊凤编写了第2、4、5、7、9、12、13章。由于作者水平有限，本书难免有不足之处，欢迎广大读者批评指正。我们的邮箱是992116@qq.com，电话是010-62796045。

编者

2022 年 3 月

目录
CONTENTS

第 1 章　创建和编辑 WPS 文档

第 2 章　编辑与排版文档

第6章 创建与编辑 WPS 表格

第7章 公式与函数计算

第1章

创建和编辑 WPS 文档

本章主要介绍创建与保存文档、输入与编辑文本内容和设置文本格式的知识与技巧，同时讲解如何设置段落格式，在本章的最后还讲解快速移动文本、选择连续的文本、选择矩形区域、选择多处不连续的区域和输出 PDF 格式文档的方法。通过本章的学习，读者可以掌握使用 WPS Office 创建文档和编辑文档的知识。

1.1 创建与保存文档

本节将详细介绍使用 WPS Office 创建与保存文档的相关知识。

1.1.1 新建空白文档

空白文档是指没有任何信息和内容的文档，创建空白文档是最基本的创建文档的方法。下面介绍在 WPS Office 中创建空白文档的方法。

01 启动 WPS Office，选择"新建"选项，如图 1-1 所示。

02 打开"新建"窗口，选择"新建空白文字"选项，如图 1-2 所示。

图 1-1

图 1-2

03 此时 WPS Office 创建了一个名为"文字文稿 1"的空白文档，如图 1-3 所示。通过以上步骤即可完成空白文档的创建操作。

图 1-3

提 示

　　启动 WPS Office 后，除了可以选择"新建"选项来创建文档外，用户还可以按 Ctrl+N 组合键直接进入"新建"窗口。

1.1.2　选择和使用模板

　　除了创建空白文档外，WPS Office 还为用户提供了大量的精美模板，用户可以根据需要在"新建"窗口中进行选择。

01 启动 WPS Office，选择"新建"选项，如图 1-4 所示。

02 打开"新建"窗口并往下拖动窗口，在"人资行政"选项区域中选择"行政公文"选项，如图 1-5 所示。

图 1-4　　　　　　　　　　　　　　　　　图 1-5

03 此时进入"行政公文"模板页面，选择"会议通知"模板，单击"立即使用"按钮，如图 1-6 所示。

图 1-6

04 此时 WPS Office 创建了一个"会议通知"文档，接下来用户可以根据自己的需要对这个模板进行修改和添加内容，如图 1-7 所示。

图 1-7

1.1.3 保存文档

用户在 WPS Office 中创建完文档后可以将文档进行保存，以便日后修改和编辑。下面将介绍保存文档的具体方法。

01 打开一个已经制作好的工作文档，单击"文件"按钮，在弹出的选项中选择"保存"选项，如图 1-8 所示。

02 在打开的"另存文件"对话框中选择文件保存位置，在"文件名"文本框中输入文件名称"物资供应计划工作流程"，在"文件类型"下拉列表中选择文件类型为"WPS文字文件 (*.wps)"，然后单击"保存"按钮，如图 1-9 所示。

图 1-8   图 1-9

03 此时可以看到文档的名称已经改变，如图 1-10 所示。通过以上步骤即可完成保存文档的操作。

图 1-10

> **提示**
>
> 　　除了单击"文件"按钮来保存文档外，用户还可以按 Ctrl+S 组合键，直接打开"另存文件"
> 对话框。此外用户如果对已有文档编辑完成后，想要重新保存为另一个文档，可以选择"文件"|"另
> 存为"命令。

1.1.4　打开和关闭文档

　　用户可以将计算机中保存的文档打开进行查看和编辑，同样可以将编辑完成的文档关闭。下面介绍打开和关闭文档的操作方法。

01 启动 WPS Office，选择"打开"选项，如图 1-11 所示。

02 在打开的"打开文件"对话框中选择文件所在位置，选中"房屋租赁合同 .wps"文件，单击"打开"按钮，如图 1-12 所示。

图 1-11

图 1-12

03 通过上述步骤即可完成打开文档的操作，如图 1-13 所示。

图 1-13

04 如果要关闭文档，单击文档名称右侧的"关闭"按钮即可将文档关闭，如图 1-14 所示。

图 1-14

1.2 输入与编辑文本内容

在 WPS Office 中创建完文档后，用户可以对文档进行编辑操作。用户可以在文档中输入内容，包括输入基本字符、特殊字符、日期和时间等，还可以删除、改写、移动、复制及替换已经输入的文本内容。

1.2.1 输入基本字符

新建文档后，用户可以根据需要在文档中输入任意内容。下面介绍在文档中输入基本字符的方法。

01 打开素材文档，使用系统自带的输入法输入 SWOT，如图 1-15 所示。

图 1-15

02 继续输入汉字"分析法"，如图 1-16 所示。

图 1-16

03 通过上述步骤即可完成输入基本字符的操作，如图 1-17 所示。

图 1-17

1.2.2 输入特殊字符

用户还可以在 WPS Office 文档中输入特殊字符。下面介绍输入特殊字符的方法。

01 打开素材文档，选中"SWOT 分析法"文本框，然后在"插入"选项卡中单击"符号"下拉按钮，在弹出的菜单中选择"其他符号"命令，如图 1-18 所示。

图 1-18

02 在打开的"符号"对话框中选择"特殊字符"选项卡，选择准备插入的字符"小节"，然后单击"插入"按钮，如图 1-19 所示，最后单击"关闭"按钮。

图 1-19

03 通过上述步骤即可完成输入特殊字符的操作，效果如图 1-20 所示。

图 1-20

1.2.3　输入日期和时间

用户可以在 WPS Office 文档中输入日期和时间。下面介绍输入日期和时间的方法。

01 打开素材文档，将光标定位在文档结尾，在"插入"选项卡中单击"日期"按钮，如图 1-21 所示。

图 1-21

02 打开"日期和时间"对话框，在"可用格式"列表框中选择一种日期格式，单击"确定"按钮，如图 1-22 所示。

03 通过以上步骤即可完成输入日期的操作，效果如图 1-23 所示。

图 1-22　　　　　　　　图 1-23

04 将光标移至下一行，再次打开"日期和时间"对话框，在"可用格式"列表框中选择一种时间格式，单击"确定"按钮，如图 1-24 所示。

05 通过以上步骤即可完成输入时间的操作，效果如图 1-25 所示。

图 1-24　　　　　　　　图 1-25

> 💡 **提示**
>
> 在"日期和时间"对话框中，勾选"自动更新"复选框，即可在每次打开该文档时将时间和日期更新为当前的时间和日期；如果勾选"使用全角字符"复选框，输入的时间和日期即为全角字符显示效果。

1.2.4　插入、改写和删除文本

用户在编辑文字时应该注意改写和插入两种状态，如果切换到了改写状态，此时在某一行文字中间插入文字，新输入的文字将会把原先位置的文字覆盖掉，输入文本的时候需要注意这一点。下面详细介绍插入、改写和删除文本的具体方法。

01 打开素材文档，右击状态栏空白处，在弹出的快捷菜单中选择"改写"命令，如图 1-26 所示。

02 将光标定位在最后一行"燕"字的右侧，使用输入法输入拼音，如图 1-27 所示。

图 1-26

图 1-27

03 按下汉字所在的数字键号 3，可以看到原来光标左侧的文字已被新的文字替换，如图 1-28 所示。通过以上步骤即可完成在改写状态下输入文本的操作。

04 右击状态栏空白处，在弹出的快捷菜单中关闭"改写"命令，如图 1-29 所示。

图 1-28

图 1-29

05 将光标定位在最后一行"飞"字的右侧，使用输入法输入拼音，如图 1-30 所示。

06 按下汉字所在的数字键号 1，可以看到光标右侧已经插入了新的文字，如图 1-31 所示。通过以上步骤即可完成在插入状态下输入文本的操作。

图 1-30　　　　　　　　　　　　　　　　图 1-31

07 将光标定位在最后一行句号的左侧，按下 Backspace 键，即可将多余的"来"字删除，如图 1-32 所示。通过以上步骤即可完成删除文本的操作。

图 1-32

1.2.5　移动和复制文本

　　复制文本是指把文档中的一部分内容复制一份后放到其他位置，而被复制的内容仍按原样保留在原位置。移动文本则是指把文档中的一部分内容移动到文档中的其他位置，原有位置的文档不保留。下面详细介绍移动和复制文本的方法。

01 打开素材文档，选中准备移动的文本，在"开始"选项卡中单击"剪切"按钮，如图 1-33 所示。

02 将光标定位在最后一行，单击"粘贴"按钮，如图 1-34 所示。

图 1-33　　　　　　　　　　　图 1-34

03 用户可以看到文本已被移动到最后一行，如图 1-35 所示。通过以上步骤即可完成移动文本的操作。

04 选中准备复制的文本，在"开始"选项卡中单击"复制"按钮，如图 1-36 所示。

图 1-35　　　　　　　　　　　图 1-36

05 将光标定位在最后一行，单击"粘贴"按钮，如图 1-37 所示。

06 用户可以看到文本已被复制到最后一行，如图 1-38 所示。通过以上步骤即可完成复制文本的操作。

图 1-37　　　　　　　　　　　图 1-38

提 示

除了使用"开始"选项卡中的"剪切""复制"和"粘贴"按钮来实现移动和复制文本外，用户还可以使用 Ctrl+X（剪切）、Ctrl+C（复制）和 Ctrl+V（粘贴）组合键来实现移动和复制功能。

1.2.6 查找与替换文本

用户还可以在 WPS Office 文档中查找和替换文本内容。下面介绍查找和替换文本的方法。

01 打开素材文档，在"开始"选项卡中单击"查找替换"下拉按钮，在弹出的菜单中选择"替换"命令，如图 1-39 所示。

图 1-39

02 打开"查找和替换"对话框，在"查找内容"文本框中输入"房屋"，在"替换为"文本框中输入"商铺"，单击"全部替换"按钮，如图 1-40 所示。

图 1-40

03 此时弹出"WPS 文字"提示框，提示"全部完成。完成 12 处替换。"，单击"确定"按钮即可完成查找与替换文本的操作，如图 1-41 所示。

图 1-41

1.3　设置文本格式

用户在输入所有内容后，可以设置文档中的字体格式，并给字体添加效果，从而使文档看起来层次分明、结构工整。本节将详细介绍设置文本格式的操作方法。

1.3.1　设置字体和颜色

在文档中输入文本内容后，用户可以对文本的字体和颜色进行设置。下面介绍设置字体和颜色的操作方法。

01 打开素材文档并选中文本，在文本旁边会自动显示设置字体的活动工具栏，单击"字体"下拉按钮，在弹出的字体库中选择字体"华文琥珀"，如图 1-42 所示。

02 此时字体已经被更改，单击"字号"下拉按钮，在弹出的下拉列表中选择字号"三号"，如图 1-43 所示。

图 1-42

图 1-43

03 此时字号已经被更改，单击"字体颜色"下拉按钮，在弹出的颜色列表中选择"红色"选项，如图 1-44 所示。

04 此时字体颜色已经被更改，如图 1-45 所示。通过以上步骤即可完成设置字体和颜色的操作。

图 1-44　　　　　　　　　　　　　图 1-45

💡 **提示**

　　用户还可以在"开始"选项卡中对文本的字体、字号、颜色以及一些特殊格式进行设置。此外单击"字体"对话框启动器按钮，可以在打开的"字体"对话框中对文本的格式进行更详细的设置。

1.3.2　设置字符间距

　　字符间距是指文本中两个字符间的距离，包括三种类型："标准""加宽"和"紧缩"。下面介绍设置字符间距的方法。

01 打开素材文档并选中文本，在"开始"选项卡中单击"字体"对话框启动器按钮，如图 1-46 所示。

图 1-46

02 在打开的"字体"对话框中选择"字符间距"选项卡，在"间距"区域右侧选择"加宽"选项，在"值"微调框中输入数值 0.1，单击"确定"按钮，如图 1-47 所示。

03 通过以上步骤即可完成设置字符间距的操作，效果如图 1-48 所示。

图 1-47

图 1-48

1.3.3 设置字符边框和底纹

设置字符边框是指为文字四周添加线型边框，设置字符底纹是指为文字添加背景颜色。下面介绍设置字符边框和底纹的方法。

01 打开素材文档并选中文本，在"开始"选项卡中单击"字符底纹"按钮，如图 1-49所示。

图 1-49

02 此时选中的文本已经添加了底纹效果，如图 1-50 所示。

图 1-50

03 选中其他文本，在"开始"选项卡中单击"边框"按钮，如图 1-51 所示。

图 1-51

04 此时选中的文本已经添加了边框效果，如图 1-52 所示。

图 1-52

> **提示**
>
> 在"开始"选项卡中单击"边框"下拉按钮，在弹出的下拉菜单中选择"边框和底纹"选项，打开"边框和底纹"对话框，用户可以在其中对边框和底纹进行更详细的设置。

1.4　设置段落格式

段落是独立的信息单位，具有自身的格式特征。段落格式是指以段落为单位的格式设置，设置段落格式主要是指设置段落的对齐方式、段落缩进及段落间距等。

1.4.1　设置段落的对齐方式

段落的对齐方式共有 5 种，分别为文本左对齐、居中对齐、文本右对齐、两端对齐和分散对齐。下面介绍设置段落对齐方式的方法。

01 打开素材文档并选中文本段落，在"开始"选项卡中单击"居中对齐"按钮，如图 1-53 所示。

图 1-53

02 此时选中的文本段落已变为居中对齐显示效果，如图 1-54 所示。

图 1-54

1.4.2　设置段落缩进

设置段落缩进可以使文本变得工整，从而清晰地表现文本层次。下面详细介绍设置段落缩进的方法。

01 打开素材文档，将光标定位到第一段文本中，在"开始"选项卡中单击"段落"对话框启动器按钮，如图 1-55 所示。

图 1-55

02 在打开的"段落"对话框中选择"缩进和间距"选项卡，在"缩进"区域的"特殊格式"下方选择"首行缩进"选项，在右侧的"度量值"微调框中输入数值 2，单击"确定"按钮，如图 1-56 所示。

图 1-56

03 此时光标所在段落已经显示为首行缩进 2 个字符，如图 1-57 所示。通过以上步骤即可完成设置段落缩进的操作。

图 1-57

1.4.3　设置段落间距

段落间距的设置包括对文档行间距的设置与对段间距的设置。其中行间距是指段落中行与行之间的距离；段间距是指前后相邻的段落之间的距离。下面详细介绍设置段落间距的方法。

01 打开素材文档并选中文本段落，在"开始"选项卡中单击"行距"下拉按钮，在弹出的菜单中选择 1.5 选项，如图 1-58 所示。

02 此时选中段落的行距已被改变，如图 1-59 所示。通过以上步骤即可完成设置段落行距的操作。

图 1-58

图 1-59

03 选中其他段落文本，在"开始"选项卡中单击"段落"对话框启动器按钮，如图 1-60 所示。

04 在打开的"段落"对话框中选择"缩进和间距"选项卡，在"间距"区域中设置"段前"和"段后"微调框的数值都是 0.5，单击"确定"按钮，如图 1-61 所示。

图 1-60　　　　　　　　　　　　　图 1-61

05 此时选中段落的间距已被改变，如图 1-62 所示。通过以上步骤即可完成设置段落间距的操作。

图 1-62

提示

打开"段落"对话框，在"缩进和间距"选项卡下的"间距"区域中，用户可以设置"段前"和"段后"间距所用的单位，包括磅、英寸、厘米、毫米、行和自动 6 个选项。

1.5　进阶技巧

本节将介绍一些使用 WPS Office 创建和编辑文档的常用技巧。用户通过这些技巧可以更进一步掌握使用 WPS Office 的方法，包括快速移动文本、选择连续的文本、选择矩形区域、选择多处不连续的区域，以及将文档输出为 PDF 格式。

1.5.1　快速移动文本

除了上面介绍的使用剪切、粘贴的方法移动文本外，用户还可以使用鼠标拖曳来移动文本。选中需要移动的文本，然后按住鼠标左键不放，拖动鼠标指针，将其移至合适的位置即可，如图 1-63 所示。

图 1-63

1.5.2　选择连续的文本

如果用户准备对 WPS Office 文档中的文本进行编辑操作，首先需要选择文本。下面介绍选择连续文本的一些方法。

► 选择任意文本：将光标定位在准备选择文字的左侧或右侧，单击并拖动光标至准备选取文字的右侧或左侧，然后释放鼠标即可选中单个文字或某段文本。

► 选择一行文本：移动鼠标指针到准备选择的某一行行首的空白处，待鼠标指针变成向右箭头形状时，单击即可选中该行文本。

► 选择一段文本：将光标定位在准备选择的一段文本的任意位置，然后连续单击鼠标两次即可选中一段文本；在按住 Ctrl 键的同时，单击准备选择的段落的任意位置即可选中一段文本。

► 选择整篇文本：将鼠标指针指向文本左侧的空白处，待鼠标指针变成向右箭头形状时，连续单击三次即可选择整篇文档；将光标定位在文本左侧的空白处，待鼠标指针变成向右箭头形状时，在按住 Ctrl 键不放的同时单击即可选中整篇文档；将光标定位在准备选择整篇文档的任意位置，按 Ctrl+A 组合键即可选中整篇文档。

1.5.3　选择矩形区域

用户只需要在按住 Alt 键的同时，在文本中拖动鼠标指针即可选择矩形文本区域，如图 1-64 所示。

图 1-64

1.5.4　选择多处不连续的区域

选中一部分文本后，在按住 Ctrl 键的同时再选定其他分散的文本区域即可选定不连续的文本区域，如图 1-65 所示。

图 1-65

1.5.5　将文档输出为 PDF 格式

用户还可以将编辑好的文档保存为 PDF 格式，单击"文件"下拉按钮，在弹出的下拉菜单中选择"输出为 PDF"命令，在打开的"输出为 PDF"对话框中设置相关选项后，单击"开始输出"按钮，即可完成将文档输出为 PDF 格式的操作，如图 1-66 所示。

图 1-66

1.6　案例演练

本节以制作房屋租赁协议书为例，对本章所学知识点进行综合运用。制作房屋租赁协议书要求内容准确无歧义，条理清晰，最好能以条款的形式表明双方应承担的义务及享有的权利，方便查看。

01 新建空白文档，并将其保存为"房屋租赁协议书 .wps"，如图 1-67 所示。

图 1-67

02 根据要求输入房屋租赁协议书的内容，并根据需要修改文本内容，如图 1-68 所示。

图 1-68

03 设置标题的字体为楷体、字号为 20 磅，加粗，如图 1-69 所示。

房屋租赁协议书

图 1-69

04 设置第二、三行的字体为楷体、字号为三号，加粗，如图 1-70 所示。

出租方（以下简称甲方）： _____

承租方（以下简称乙方）： _____

图 1-70

05 设置第四行的字体为楷体、字号为四号，加粗，如图 1-71 所示。

甲、乙双方就下列房屋的租赁达成如下协议：

图 1-71

06 设置每一条条款标题字体为楷体、字号为四号，条款下方的内容字体为楷体、字号为小四号，如图 1-72 所示。

图 1-72

07 为文本添加项目符号，如图 1-73 所示。

图 1-73

08 设置完成后保存文档，如图 1-74 所示。

图 1-74

第2章

编辑与排版文档

本章主要介绍调整文档页面格式、设计页眉页脚和制作目录的知识与技巧，同时还讲解如何打印文档，在本章的最后讲解分栏显示、自动编号、使用项目符号、交叉引用和使用书签的方法。通过本章的学习，读者可以掌握使用 WPS Office 编辑文档格式与排版方面的知识。

2.1 调整文档页面格式

新建一个文档后，用户可以根据需要对文档的页面大小、页边距、文档显示方向等进行设置，还可以为文档添加水印，设置页面和边框效果，这些效果在文档打印时都会显示在纸张上，使文档看起来更加美观。

2.1.1 设置页面大小

默认情况下，WPS Office 中的页面大小为 A4，默认方向为纵向。用户可以根据需要将纸张尺寸设置为其他尺寸。下面介绍设置页面大小的方法。

01 新建空白文档，选择"页面布局"选项卡，单击"纸张大小"下拉按钮，在弹出的下拉菜单中选择"6 号信封"选项，如图 2-1 所示。

02 此时文档的页面大小已改变，如图 2-2 所示。通过以上步骤即可完成设置页面大小的操作。

图 2-1   图 2-2

💡 **提示**

在"页面布局"选项卡中单击"页面设置"对话框启动器按钮，在打开的"页面设置"对话框中选择"纸张"选项卡，用户可以在其中对页面大小进行更详细的设置。

2.1.2 调整页边距

文档的版心主要指文档的正文部分，用户在设置页面属性过程中可以通过对页边距进行设置来达到控制版心大小的目的。

01 打开素材文档，选择"页面布局"选项卡，单击"页边距"下拉按钮，在弹出的下拉菜单中选择"自定义页边距"选项，如图 2-3 所示。

02 打开"页面设置"对话框，在"页边距"选项卡下的"页边距"区域中将"上""下""左""右"选项的数值都设置为 2，单击"确定"按钮，即可完成调整页边距的操作，如图 2-4 所示。

图 2-3

图 2-4

 提　示

在"页面布局"选项卡中单击"页边距"下拉按钮，在弹出的下拉菜单中直接显示了几个预设好的页边距选项，包括"普通""窄""适中""宽"选项，用户可以直接选择这些选项来调整页边距。在使用"页面设置"对话框调整完页边距后，再次单击"页边距"下拉按钮，在弹出的下拉菜单中会显示上次自定义设置的页边距，方便用户直接选择。

2.1.3　设置文档横向显示

在 WPS Office 文档中，纸张方向默认为纵向，用户可以根据需要将其设置为横向。下面介绍设置文档横向显示的方法。

01 打开素材文档，选择"页面布局"选项卡，单击"纸张方向"下拉按钮，在弹出的下拉菜单中选择"横向"选项，如图 2-5 所示。

02 此时纸张已经变为横向显示效果，如图 2-6 所示。

提　示

在"页面布局"选项卡中单击"页边距"下拉按钮，选择"自定义页边距"选项，用户在打开的"页面设置"对话框的"页边距"选项卡中也可以设置文档的显示方向。

图 2-5

图 2-6

2.1.4 添加水印

水印是指将文本或图片以水印的方式设置为页面背景。文字水印用于说明文件的属性，如一些重要文档中都带有"机密文件"字样的水印。图片水印大多用于修饰文档，如一些杂志的页面背景通常为一些淡化后的图片。下面介绍为文档添加水印的方法。

01 打开素材文档，选择"插入"选项卡，单击"水印"下拉按钮，在弹出的菜单中选择"插入水印"选项，如图 2-7 所示。

02 在"水印"对话框中勾选"文字水印"复选框，输入水印的内容，然后设置水印的格式，如字体、字号、颜色等，最后单击"确定"按钮，如图 2-8 所示。

图 2-7

图 2-8

03 通过以上步骤即可完成添加水印的操作，效果如图 2-9 所示。

图 2-9

2.1.5　设置边框效果

在 WPS Office 文档中为了让文档更具有实用性，还可以为文档页面设置边框。下面介绍为文档页面设置边框的方法。

01 打开素材文档，选择"页面布局"选项卡，单击"页面边框"按钮，如图 2-10 所示。

02 打开"边框和底纹"对话框，在"页面边框"选项卡中的"设置"区域选择"方框"选项，在"线型"列表框中选择一种线型，在"颜色"下拉列表中选择一种颜色，在"宽度"下拉列表中选择"0.5 磅"选项，单击"确定"按钮，如图 2-11 所示。

图 2-10

图 2-11

03 通过以上步骤即可完成设置边框效果的操作，效果如图 2-12 所示。

图 2-12

2.2　设计页眉页脚

　　页眉是每个页面的顶部区域，通常显示书名、章节等信息。页脚是每个页面的底部区域，通常显示文档的页码等信息。对页眉和页脚进行编辑，可起到美化文档的作用。本节将介绍设计页眉和页脚的知识。

2.2.1　在页眉中插入图片

　　为了使制作的文档看起来更加专业，用户可以在页眉中添加图片 Logo。下面介绍在页眉中添加图片 Logo 的方法。

01 打开素材文档，选择"插入"选项卡，单击"页眉页脚"按钮，如图 2-13 所示。

02 此时页眉和页脚处于编辑状态，同时显示"页眉页脚"选项卡，在该选项卡中单击"图片"按钮，如图 2-14 所示。

图 2-13

图 2-14

03 在打开的"插入图片"对话框中选择一张图片 Logo 文件，单击"打开"按钮，如图 2-15 所示。

图 2-15

04 返回编辑区，可以看到图片已经插入页眉中，在"图片工具"选项卡中调整图片的"高度"和"宽度"分别为"1.00 厘米"，如图 2-16 所示。

05 单击文档空白处，返回"页眉页脚"选项卡，单击"关闭"按钮即可完成在页眉中插入图片 Logo 的操作，如图 2-17 所示。

图 2-16

图 2-17

> 💡 **提示**
>
> 用户也可以在图片上右击，在弹出的快捷菜单中选择"其他布局选项"命令，打开"布局"对话框，在"大小"选项卡中设置图片的"宽度"和"高度"值。

2.2.2 设置页眉页脚首页不同

用户在文档中插入页眉或页脚时，有时不需要在文档首页显示页眉或页脚，这时就需要将其删除。下面介绍设置页眉页脚首页不同的方法。

01 打开素材文档，可以看到首页添加了页眉"招标文件【20161001】"，在页眉处双击，进入编辑状态，在"页眉页脚"选项卡中单击"页眉页脚选项"按钮，如图 2-18 所示。

02 在打开的"页眉/页脚设置"对话框中勾选"首页不同"复选框，单击"确定"按钮，如图 2-19 所示。

图 2-18

图 2-19

03 返回编辑区，关闭页眉和页脚，可以看到首页的页眉已经被删除，其余页的页眉依然存在，如图 2-20 所示。

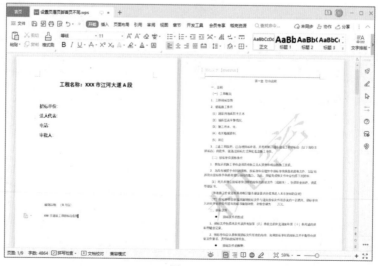

图 2-20

2.2.3　设置页眉页脚奇偶页不同

在文档中默认添加的页眉页脚都是统一格式，但有时需要将奇数页和偶数页的页眉页脚设置为不同，下面介绍设置的具体方法。

01 打开素材文档，选择"插入"选项卡，单击"页眉页脚"按钮，切换至"页眉页脚"选项卡，单击"页眉页脚选项"按钮，如图 2-21 所示。

02 在打开的"页眉/页脚设置"对话框中勾选"奇偶页不同"复选框，单击"确定"按钮，如图 2-22 所示。

图 2-21

图 2-22

03 返回编辑区，将光标定位在奇数页页眉中，在"页眉页脚"选项卡中单击"图片"按钮，如图 2-23 所示。

04 在打开的"插入图片"对话框中选择一张图片，单击"打开"按钮，如图 2-24 所示。

图 2-23

图 2-24

05 返回编辑区，可以看到奇数页页眉中已经插入了图片，适当调整图片的大小，如图 2-25 所示。

06 将光标定位在偶数页页眉中，输入文本"ABC 公司"，并设置页眉文字的字体格式，如图 2-26 所示。

图 2-25　　　　　　　　　　　　　　　图 2-26

07 ▶ 设置完成后关闭页眉和页脚，可以看到奇数页页眉添加了图片，偶数页页眉添加了文字，如图 2-27 和图 2-28 所示。奇偶页页脚的设置方法与页眉相同，这里不再赘述。

图 2-27

图 2-28

2.2.4　插入页码

对于长篇文档来说，为了方便浏览和查找，用户可以在文档中添加页码。下面介绍插入页码的方法。

01 打开素材文档，选择"插入"选项卡，单击"页码"下拉按钮，在弹出的下拉菜单中选择"页码"命令，如图 2-29 所示。

02 打开"页码"对话框，在"样式"下拉列表中选择一个样式，在"位置"下拉列表中选择"底端居中"选项，单击"确定"按钮，如图 2-30 所示。

图 2-29

图 2-30

03 此时可以看到文档每页的底部已经添加了页码，如图 2-31 所示。

图 2-31

2.2.5　在指定位置插入页码

除了可以从首页开始插入页码外，用户还可以在指定位置处插入页码。下面介绍从指定位置开始插入页码的方法。

01 打开素材文档，将光标定位在需要插入页码的页面中，这里定位在第 3 页。选择"插入"选项卡，单击"页码"下拉按钮，在弹出的下拉菜单中选择"页码"命令，如图 2-32 所示。

02 打开"页码"对话框，在"样式"和"位置"下拉列表中分别选择合适的样式和位置选项，在"页码编号"区域中单击"起始页码"单选按钮，在微调框中输入1，在"应用范围"区域中单击"本页及之后"单选按钮，最后单击"确定"按钮，如图2-33所示。

图 2-32

图 2-33

03 ▶ 返回编辑区，可以看到已经从指定页面开始插入了页码，如图 2-34 所示。

图 2-34

2.2.6 添加分栏页码

如果将文档进行了双栏排版，用户还可以为每个页面中的每一栏添加页码。下面介绍添加分栏页码的方法。

01 ▶ 打开素材文档，选择"插入"选项卡，单击"页眉页脚"按钮，如图2-35所示。

02 ▶ 此时页眉页脚处于编辑状态，将光标定位在页脚处并按空格键，将光标移至文档左分栏中间位置，如图2-36所示。

图 2-35

图 2-36

03 输入文字"第"和"页",然后将光标定位在"第"和"页"中间,按两次 Ctrl+F9 组合键,此时在光标位置会显示两对大括号"{{}}",如图 2-37 所示。

04 在大括号内输入公式,将其修改为"{={page}*2-1}",如图 2-38 所示。

图 2-37　　　　　　　　　　　　　　　　　图 2-38

05 按 F9 键进行更新,即可显示实际的页码,如图 2-39 所示。

06 将左栏页码文字复制到右栏,然后将公式修改为"{={page}*2}",更新后即可显示实际的页码,如图 2-40 所示。

 提示

　　如果文档被分成三栏,并且每栏都要显示页码,这时将代码修改为"{={page}*3-2}""{={page}*3-1}""{={page}*3}"的形式即可。如果分栏更多,以此类推。

图 2-39

图 2-40

2.3 制作目录

目录通常位于正文之前，可以看作文档或书籍的检索机制，用于帮助阅读者快速查找想要阅读的内容，还可以帮助阅读者大致了解整个文档的结构内容。本节将详细介绍在文档中制作目录的相关知识。

2.3.1 为标题设置大纲级别

用户制作好长文档后，需要为其中的标题设置级别，这样便于查找和修改内容。下面以设置一级标题为例，介绍设置大纲级别的方法。

01 打开素材文档，将光标定位在标题文本"一、绪论"处，在"开始"选项卡下的"样式"组中单击"标题 1"选项，如图 2-41 所示。

02 通过以上步骤设置其他标题文本级别，即可完成设置大纲级别的操作，如图 2-42 所示。

图 2-41

图 2-42

2.3.2　快速提取目录

为整个文档设置完大纲级别后，用户就可以对该文档提取目录了。下面介绍快速提取目录的操作方法。

01　打开素材文档，将光标定位在需要插入目录的位置，选择"引用"选项卡，单击"目录"下拉按钮，在弹出的下拉菜单中选择需要的目录样式，如图 2-43 所示。

图 2-43

02　通过以上步骤即可完成快速提取目录的操作，生成的目录效果如图 2-44 所示。

图 2-44

2.3.3　自动添加题注

题注是指出现在图片上方或下方的一段简短描述。当文档中的图片或表格过多时，通常会为其添加题注以方便阅读。下面介绍为图片添加题注的方法。

01　打开素材文档，然后选中文档中的图片，选择"引用"选项卡，单击"题注"按钮，如图 2-45 所示。

02 在打开的"题注"对话框中单击"新建标签"按钮，如图 2-46 所示。

<table>
<tr><td>图 2-45</td><td>图 2-46</td></tr>
</table>

03 打开"新建标签"对话框，在"标签"文本框中输入名称"数据分析图"，单击"确定"按钮，如图 2-47 所示。

04 返回"题注"对话框，单击"确定"按钮，如图 2-48 所示。

<table>
<tr><td>图 2-47</td><td>图 2-48</td></tr>
</table>

05 返回文档，此时可以看到，在选中的图片下方自动添加了题注"数据分析图 1"，如图 2-49 所示。

 提示

如果需要对图片设置说明信息，用户可以在"题注"对话框的"题注"文本框中输入图片的说明文字。如果用户想要为表格添加题注，也可以使用相同的方法，选中表格并在"引用"选项卡中单击"题注"按钮，在打开的"题注"对话框中进行设置即可。

图 2-49

2.3.4　在脚注中备注信息

在编辑文档时，用户还可以为文档中的某个内容添加脚注，对其进行解释说明。下面介绍为文档添加脚注的方法。

01 打开素材文档，将光标定位至需要插入脚注的位置，选择"引用"选项卡，单击"插入脚注"按钮，如图 2-50 所示。

02 此时在文档的底端出现了一个脚注分隔线，在分隔线下方直接输入脚注内容即可，如图 2-51 所示。

图 2-50

图 2-51

03 输入完成后，将光标移至插入脚注的文本位置，可以查看脚注内容，如图 2-52 所示。

图 2-52

 提 示

　　在文档中插入脚注后，如果想要将其删除，则在正文内容中选中引用标记，然后按 Delete 键，即可删除脚注。

2.4 打印文档

　　用户编辑完文档后，为了便于查阅或提交可将其打印出来。在文档打印前为了避免打印文档时出错，一定要先预览文档被打印在纸张上的效果，通过打印设置来满足不同场合的打印需求。

2.4.1 设置打印参数

　　在打印文档前通常需要对打印参数进行设置，以免出现文档内容打印不全或浪费纸张的情况。下面介绍设置打印参数的方法。

01 打开素材文档，单击"文件"下拉按钮，在弹出的菜单中选择"打印"命令，然后选择"打印"子选项，如图 2-53 所示。

02 打开"打印"对话框，在"页码范围"区域中单击"全部"单选按钮，在"副本"区域的"份数"微调框中输入数值，单击"确定"按钮，即可完成设置打印参数的操作，如图 2-54 所示。

图 2-53　　　　　　　　　　　　　图 2-54

2.4.2　打印预览

在打印文档前，首先应该预览文档的打印效果，以保证打印出的文档准确无误。下面介绍查看打印预览的方法。

01 打开素材文档，单击"文件"下拉按钮，在弹出的菜单中选择"打印"选项，然后选择"打印预览"子选项，如图 2-55 所示。

02 打开"打印预览"选项卡，鼠标指针变为放大镜的形状，表示文档进入预览状态，单击"单页"按钮，在"显示比例"下拉列表中选择"100%"选项，即可查看文档的打印效果，如图 2-56 所示。

图 2-55　　　　　　　　　　　　　图 2-56

2.4.3　打印文档

预览无误后，用户就可以将文档打印出来。在"打印预览"选项卡中单击"直接打印"下拉按钮，在弹出的菜单中选择"打印"选项即可打印，如图 2-57 所示。

图 2-57

2.5　进阶技巧

本节将介绍使用 WPS Office 编辑文档格式与排版的常用技巧，用户通过这些技巧可以更进一步掌握使用 WPS Office 制作文档的方法，其中包括分栏显示、自动编号、使用项目符号、交叉引用及使用书签等内容。

2.5.1　分栏显示

使用 WPS Office 提供的分栏功能，可以将版面分成多栏，从而提高文档的阅读性。下面介绍设置文档分栏显示的方法。

01 打开素材文档，选择"页面布局"选项卡，单击"分栏"下拉按钮，在弹出的下拉菜单中选择"两栏"命令，如图 2-58 所示。

图 2-58

02 此时文档已经分成两栏显示，如图 2-59 所示。

图 2-59

2.5.2 自动编号

在制作规章制度、管理条例等文档时，可以使用编号来组织内容，从而使文档的层次结构更清晰、更有条理。下面介绍设置自动编号的方法。

01 打开素材文档，选中需要添加编号的文本，在"开始"选项卡中单击"编号"下拉按钮，在弹出的下拉菜单中选择一种编号样式，如图 2-60 所示。

图 2-60

02 此时选中的文本已经添加了编号效果，如图 2-61 所示。

图 2-61

💡 **提示**

用户还可以在"编号"下拉菜单中选择"自定义编号"命令，打开"项目符号和编号"对话框，在"编号"选项卡中选择一种合适的编号样式，然后单击"自定义"按钮，打开"自定义编号列表"对话框，在该对话框中可以设置编号的格式和样式。

2.5.3 使用项目符号

项目符号是放在文本前强调效果的一个符号，一般用于并列关系的段落。下面介绍为文本添加项目符号的方法。

01 打开素材文档，选中需要添加项目符号的文本，在"开始"选项卡中单击"项目符号"下拉按钮，在弹出的下拉菜单中选择一种符号样式，如图 2-62 所示。

图 2-62

02 此时选中的文本已经添加了项目符号效果，如图 2-63 所示。

图 2-63

2.5.4 交叉引用

在处理大型文档时，经常需要在某个位置引用其他位置上的内容，例如添加类似"请参考××节的内容"这样的文字，用户可以使用 WPS Office 提供的交叉引用功能，即使引用位置发生改变，也可以自动进行更新。下面介绍使用交叉引用的方法。

01 打开素材文档，将光标定位至需要插入交叉引用的位置，输入引用文字"(具体内容请参考"")"，接着将光标定位在引号之间，选择"插入"选项卡，单击"交叉引用"按钮，如图 2-64 所示。

02 打开"交叉引用"对话框，在"引用类型"下拉列表中选择"标题"选项，在"引用内容"下拉列表中选择"标题文字"选项，在"引用哪一个标题"列表框中选择要引用的内容，然后单击"插入"按钮，如图 2-65 所示。

图 2-64

图 2-65

03 在光标所在处自动插入了引用的内容，单击该引用内容会显示灰色底纹，如图 2-66 所示。

04 按住 Ctrl 键的同时，单击引用内容，即可快速跳转到引用位置，如图 2-67 所示。

图 2-66

图 2-67

2.5.5　使用书签

在文档中使用书签，可以标记某个范围或插入点的位置，为以后在文档中快速定位提供方便。下面介绍在文档中使用书签的方法。

01 打开素材文档，将光标定位至需要插入书签的位置，选择"插入"选项卡，单击"书签"按钮，如图 2-68 所示。

02 打开"书签"对话框，在"书签名"文本框中输入名称"摘要"，单击"添加"按钮，如图 2-69 所示。

图 2-68　　　　　　　　　　　　图 2-69

03 返回编辑区，无论光标插入点处于文档的哪个位置，都可以快速定位到书签所在的位置，在"插入"选项卡中单击"书签"按钮，如图 2-70 所示。

04 打开"书签"对话框，在列表框中选择与要定位的位置对应的书签名，单击"定位"按钮，如图 2-71 所示。

图 2-70　　　　　　　　　　　　图 2-71

05 系统自动跳转到书签所在的位置，然后单击"关闭"按钮，关闭"书签"对话框即可，如图 2-72 所示。

图 2-72

2.6 案例演练

本节以编辑商业策划书文档为例，对本章所学知识点进行综合运用。本节需要对商业策划书文档设置大纲级别、添加目录、添加图片与文字页眉、添加页码。

01 打开素材文档，对章标题和段标题设置大纲级别，如图 2-73 所示。

02 在第 1 页之前添加一页空白页，将光标定位在空白页页首，选择"引用"选项卡，单击"目录"下拉按钮，在弹出的下拉菜单中选择一个目录样式，如图 2-74 所示。此时目录添加完成，如图 2-75 所示。

图 2-73

图 2-74

03 双击页眉进入页眉页脚编辑状态，在左上角插入提供的 Logo 图片，并调整图片大小，再输入文本"商业策划书"，将其居中显示，如图 2-76 所示。

图 2-75　　　　　　　　　　　　　　　　图 2-76

04 切换至第 2 页页脚区域，将光标定位在页脚中，单击"页码设置"下拉按钮，在"位置"区域选择"居中"选项，在"应用范围"区域单击"本页及之后"单选按钮，单击"确定"按钮，如图 2-77 所示。

图 2-77

第 3 章

文档的图文混排

　　本章主要介绍图片、艺术字、形状、二维码的插入与编辑和使用文本框的知识与技巧，同时还讲解如何插入各种图表，在本章的最后讲解设置首字下沉、带圈字符、双行合一、插入屏幕截图和插入智能图形的方法。通过本章的学习，读者可以掌握使用 WPS Office 进行图文混排方面的知识。

3.1 图片的插入与编辑

在制作文档的过程中，有时需要插入图片配合文字解说，图片能直观地表达内容，既可以美化文档页面，又可以让读者轻松地领会作者想要表达的意图，给读者带来直观的视觉冲击。

3.1.1 插入计算机中的图片

本节将介绍在 WPS Office 文档中插入计算机中的图片的方法。

01 打开素材文档，将光标定位在需要插入图片的位置，选择"插入"选项卡，单击"图片"下拉按钮，在弹出的下拉菜单中选择"来自文件"命令，如图 3-1 所示。

02 在打开的"插入图片"对话框中选中图片，单击"打开"按钮，如图 3-2 所示。

图 3-1   图 3-2

03 此时图片已被插入文档中，如图 3-3 所示。通过以上步骤即可完成在文档中插入计算机中的图片的操作。

图 3-3

3.1.2 按形状裁剪图片

在文档中插入图片后,有时需要对其进行裁剪操作,即将图片中不需要的部分删除。下面介绍按形状裁剪图片的操作方法。

01 打开素材文档,选择"插入"选项卡,单击"形状"下拉按钮,在弹出的下拉菜单中选择一种形状,如图 3-4 所示。

02 此时鼠标指针变为十字形状,在文档中单击并拖动指针绘制形状,拖至适当位置后释放鼠标,如图 3-5 所示。

图 3-4   图 3-5

03 选中形状,在"绘图工具"选项卡中单击"轮廓"下拉按钮,在弹出的下拉菜单中选择"无边框颜色"命令,如图 3-6 所示。

04 在"绘图工具"选项卡中单击"填充"下拉按钮,在弹出的下拉菜单中选择"图片"命令,如图 3-7 所示。

图 3-6   图 3-7

05 打开"填充效果"对话框，在"图片"选项卡中单击"选择图片"按钮，如图 3-8 所示。

06 在打开的"选择图片"对话框中选中图片，单击"打开"按钮，如图 3-9 所示。

图 3-8

图 3-9

07 返回"填充效果"对话框，单击"确定"按钮，如图 3-10 所示。

08 返回文档中，可以看到插入的图片已经按照形状裁剪，再适当调整形状大小。通过以上步骤即可完成按形状裁剪图片的操作，效果如图 3-11 所示。

图 3-10

图 3-11

3.1.3 为图片添加轮廓

为了使插入的图片更加美观，还可以为图片添加轮廓效果。下面介绍为图片添加轮廓的方法。

01 打开素材文档，在文档中选中图片，单击"图片工具"选项卡中的"设置形状格式"对话框启动器按钮，如图 3-12 所示。

图 3-12

02 打开"设置对象格式"对话框，在"颜色与线条"选项卡中的"线条"区域设置轮廓的粗细、颜色、虚实等选项，单击"确定"按钮，如图 3-13 所示。

03 通过以上步骤即可完成为图片添加轮廓的操作，效果如图 3-14 所示。

图 3-13

图 3-14

💡 **提示**

如果图片裁剪无法满足要求，可以将图片恢复至插入时的状态，然后重新进行设置。恢复图片至插入状态时的方法为：首先选中图片，然后单击"图片工具"选项卡中的"重设图片"按钮，即可快速将图片恢复至插入状态。

3.1.4 调整图片大小

为了使插入的图片更加符合文档显示效果，用户还可以调整图片的大小。下面介绍调整图片大小的方法。

01 打开素材文档，在文档中选中图片，在"图片工具"选项卡的"高度"和"宽度"文本框中输入数值，如图 3-15 所示。

02 按 Enter 键即可完成调整图片大小的操作，效果如图 3-16 所示。

图 3-15

图 3-16

3.1.5 设置图片的环绕方式

在文档中直接插入图片后，如果要调整图片的位置，则应先设置图片的文字环绕方式，再进行图片的调整操作。下面介绍设置图片环绕方式的操作方法。

01 打开素材文档，在文档中选中图片，在"图片工具"选项卡中单击"文字环绕"下拉按钮，在弹出的下拉菜单中选择"浮于文字下方"命令，如图 3-17 所示。

02 此时可以看到图片已在文字的下方，如图 3-18 所示。

图 3-17

图 3-18

3.2　艺术字的插入与编辑

为了提升文档的整体显示效果，常常需要应用一些具有艺术效果的文字。WPS Office 提供了插入艺术字的功能，并预设了多种艺术字效果以供选择，用户可以根据需要自定义艺术字效果。

3.2.1　插入艺术字

在文档中插入艺术字可有效地提高文档的可读性，WPS Office 提供了 15 种艺术字样式，用户可以根据实际情况选择合适的样式来美化文档。下面介绍插入艺术字的方法。

01 打开素材文档，选择"插入"选项卡，单击"艺术字"按钮，如图 3-19 所示。

02 在弹出的菜单中选择一种艺术字样式，如图 3-20 所示。

图 3-19　　　　　　　　　　　　　图 3-20

03 在文档中的艺术字文本框中输入文字内容，如图 3-21 所示。

04 调整艺术字的位置，如图 3-22 所示。通过以上步骤即可完成插入艺术字的操作。

图 3-21　　　　　　　　　　　　　图 3-22

3.2.2　编辑艺术字

插入艺术字后，如果对艺术字的效果不满意，可重新对其进行编辑，主要是对艺术字的样式、填充颜色、边框颜色、填充效果等进行设置。下面介绍编辑艺术字的方法。

01 打开素材文档，选中艺术字，在"文本工具"选项卡中选择其他艺术字样式，如图 3-23 所示。

02 此时艺术字改变样式，单击艺术字旁边的"形状轮廓"下拉按钮，在弹出的下拉菜单中选择一种渐变填充效果，如图 3-24 所示。

图 3-23

图 3-24

03 通过以上步骤即可完成编辑艺术字的操作，效果如图 3-25 所示。

图 3-25

提 示

选中艺术字后，用户还可以为艺术字添加阴影效果和三维效果，可以设置阴影的方向和颜色以及三维效果的方向、深度、颜色、照明、表面等参数。

3.3 形状的插入与编辑

通过 WPS Office 提供的绘制图形功能，用户可以绘制出各种各样的形状，如线条、椭圆和旗帜等，以满足文档设计的需要。用户还可以对绘制的形状进行编辑。本节将介绍在文档中插入与编辑形状的操作方法。

3.3.1 绘制形状

在制作文档的过程中适当地插入一些形状，既能使文档简洁，又能使文档内容更加丰富形象。下面介绍绘制形状的方法。

01 打开素材文档，选择"插入"选项卡，单击"形状"下拉按钮，在弹出的形状库中选择一种形状，如图 3-26 所示。

02 当鼠标指针变为十字形状时，在文档中单击并拖动指针绘制形状，拖至适当位置后释放鼠标，如图 3-27 所示。

图 3-26

图 3-27

03 在绘制的形状中输入内容，如图 3-28 所示，然后按空格键即可完成输入，如图 3-29 所示。

图 3-28   图 3-29

3.3.2　更改形状

在文档中插入形状图形后，如果用户对形状不满意还可以更改形状。下面介绍更改形状的操作方法。

01　打开素材文档并选中形状，在"绘图工具"选项卡中单击"编辑形状"下拉按钮，选择"更改形状"选项，在形状库中选择一种形状，如图 3-30 所示。

02　此时形状已经被更改，如图 3-31 所示。通过以上步骤即可完成更改形状的操作。

图 3-30   图 3-31

3.3.3　设置形状轮廓

用户还可以对插入的形状设置轮廓，下面介绍设置形状轮廓的操作方法。

01 打开素材文档并选中形状，在"绘图工具"选项卡中单击"设置形状格式"对话框启动器按钮，如图 3-32 所示。

02 打开"设置对象格式"对话框，在"线条"区域中设置轮廓的颜色、线型、虚实和粗细等参数后，单击"确定"按钮，如图 3-33 所示。

图 3-32

图 3-33

03 通过以上步骤即可完成设置形状轮廓的操作，效果如图 3-34 所示。

图 3-34

💡 **提示**

用户还可以设置轮廓的形状填充效果，在"绘图工具"选项卡中单击"填充"下拉按钮，在弹出的下拉菜单中选择相应选项即可设置填充效果。形状填充是指利用颜色、图片、渐变和纹理来填充形状的内部。形状轮廓是指设置形状的边框颜色、线条样式和线条粗细等。

3.4 二维码的插入与编辑

二维码又称二维条形码，它是利用黑白相间的图形记录数据符号信息的，使用电子扫描设备如手机、平板电脑等，可自动识别以实现信息的自动处理。本节将介绍二维码的插入与编辑知识。

3.4.1 插入二维码

二维码具有存储量大、保密性高、追踪性强等特性，二维码可以存储包括网址、名片、文本信息、特定代码等各种信息。下面介绍插入二维码的方法。

01 新建空白文档，选择"插入"选项卡，单击"更多"下拉按钮，在弹出的下拉菜单中选择"二维码"命令，如图3-35所示。

图3-35

02 在打开的"插入二维码"对话框中的"输入内容"文本框中输入网址，单击"确定"按钮，如图3-36所示。

03 通过以上步骤即可完成插入二维码的操作，效果如图3-37所示。

图3-36

图3-37

> **提示**
>
> 名片、电话号码和 Wi-Fi 也可以生成二维码，打开"插入二维码"对话框，在左上角选择不同的选项即可，然后根据提示输入相应的内容，单击"确定"按钮，就可以生成相应的二维码图片。

3.4.2　编辑二维码

二维码默认都是黑色的正方形样式，用户可以对二维码的颜色、图案样式、大小等进行编辑。下面介绍编辑二维码的方法。

01 打开素材文档并选中二维码，单击右侧的"编辑扩展对象"按钮，如图 3-38 所示。

02 在打开的"编辑二维码"对话框中选择右下角"颜色设置"选项卡中的"前景色"按钮，在弹出的颜色列表中选择一种颜色，如图 3-39 所示。

图 3-38

图 3-39

03 选择"图案样式"选项卡，将鼠标指针移至"定位点样式"按钮上，在打开的列表中选择一种样式，单击"确定"按钮，如图 3-40 所示。

图 3-40

04 通过以上步骤即可完成编辑二维码的操作，效果如图 3-41 所示。

图 3-41

3.5 使用文本框

若要在文档的任意位置插入文本，可以通过文本框来实现。WPS Office 提供的文本框进一步增强了图文混排的功能。在通常情况下，文本框用于插入注释、批注或说明性文字。本节将介绍使用文本框的相关知识。

3.5.1 插入文本框

在文档中可以插入横向、竖向和多行文字文本框，下面以插入横向文本框为例，介绍插入文本框的方法。

01 打开素材文档，选择"插入"选项卡，单击"文本框"下拉按钮，在弹出的下拉菜单中选择"横向"命令，如图 3-42 所示。

02 当鼠标指针变为十字形状时，在文档中单击并拖动指针绘制文本框，拖至适当位置后释放鼠标，如图 3-43 所示。

图 3-42

图 3-43

03 在文本框中输入文字内容，如图 3-44 所示。

图 3-44

04 通过以上步骤即可完成插入文本框的操作，效果如图 3-45 所示。

图 3-45

提示

　　横向文本框中的文本是从左到右、从上到下输入的，而竖向文本框中的文本则是从上到下、从右到左输入的。单击"文本框"下拉按钮，在弹出的下拉菜单中选择"竖向"选项，即可插入竖向文本框。

3.5.2　编辑文本框

　　在文档中插入文本框后，还可以根据实际需要对文本框进行编辑。下面介绍编辑文本框的方法。

01 打开素材文档并选中文本框，选择"绘图工具"选项卡，单击"填充"下拉按钮，在弹出的颜色库中选择一种填充颜色，如图 3-46 所示。

02 单击"轮廓"下拉按钮，在弹出的下拉菜单中选择"无边框颜色"命令，如图 3-47 所示。

图 3-46 图 3-47

03 选中文本内容，设置字体和字号，如图 3-48 所示。

图 3-48

3.6　插入各种图表

WPS Office 为用户提供了各种图表，用来丰富文档内容，以提高文档的可读性。用户可以在文档中插入关系图、流程图和思维导图等图表。本节将详细介绍在 WPS Office 中插入各种图表的知识。

3.6.1　插入关系图

本节将介绍在文档中插入关系图的操作方法。

01 新建空白文档，选择"插入"选项卡，单击"智能图形"按钮，如图 3-49 所示。

图 3-49

02 在打开的"智能图形"模板窗口中选择一个合适的关系图模板，单击图形样式上的"立即使用"命令，即可插入该图形，如图 3-50 所示。

03 此时关系图已经插入文档中，用户可以根据需要添加文本内容，如图 3-51 所示。

图 3-50

图 3-51

3.6.2　插入流程图

本节将介绍在文档中插入流程图的操作方法。

01 新建空白文档，选择"插入"选项卡，单击"流程图"按钮，如图 3-52 所示。

图 3-52

02 在打开的流程图窗口中的搜索框中输入关键字搜索图形，如图 3-53 所示。

03 此时显示搜索后的流程图模板选择界面，选择一个模板，单击该模板图形样式，如图 3-54 所示。

图 3-53

图 3-54

04 此时打开组织结构图的编辑窗口，用户可以对结构图进行编辑，包括输入内容，调整结构图颜色、形状等，设置完成后单击"插入"按钮，这样设置好的图表即可插入文档中，如图 3-55 所示。

图 3-55

3.6.3 插入思维导图

本节将介绍在文档中插入思维导图的操作方法。

01 新建空白文档，选择"插入"选项卡，单击"思维导图"按钮，如图 3-56 所示。

图 3-56

02 进入思维导图模板选择界面，选择一个思维导图模板，单击该模板的图形样式，如图 3-57 所示。

图 3-57

03 此时打开思维导图的编辑窗口，用户可以对思维导图进行编辑，包括输入内容，调整思维导图颜色、形状等，设置完成后单击"插入"按钮，这样设置好的思维导图即可插入文档中，如图 3-58 所示。

图 3-58

3.7　进阶技巧

本节将介绍使用 WPS Office 进行图文排版的常用技巧，用户通过这些技巧可以更进一步掌握使用 WPS Office 的方法，其中包括设置首字下沉、带圈字符、双行合一、插入屏幕截图、插入智能图形等内容。

3.7.1　首字下沉

在查看杂志或宣传单时，段落开头第一个字常常都是增大之后显示，这种排版方式就是首字下沉。下面介绍设置首字下沉效果的方法。

01 打开素材文档，选中第一段第一个字，选择"插入"选项卡，单击"首字下沉"按钮，如图 3-59 所示。

02 打开"首字下沉"对话框，在"位置"区域选择"下沉"选项，在"字体"下拉列表中选择一种字体，如"方正大黑简体"，在"下沉行数"微调框中输入数值 3，单击"确定"按钮，如图 3-60 所示。

图 3-59

图 3-60

03 通过以上步骤即可完成设置首字下沉效果的操作，如图 3-61 所示。

图 3-61

3.7.2 带圈字符

在编辑文档的过程中，有时需要在文档中添加带圈字符以起到强调文本的作用。下面介绍设置带圈字符的方法。

01 打开素材文档并选中文本，一次只能选中一个字符，在"开始"选项卡中单击"拼音指南"下拉按钮，在弹出的下拉菜单中选择"带圈字符"命令，如图 3-62 所示。

02 打开"带圈字符"对话框，在"样式"区域中选择"增大圈号"选项，在"圈号"列表框中选择一种样式，单击"确定"按钮，如图 3-63 所示。

图 3-62

图 3-63

03 通过以上步骤即可完成设置带圈字符效果的操作，如图 3-64 所示。

图 3-64

3.7.3　双行合一

双行合一效果能使位于同一文本行的内容平均分为两部分，前一部分排列在后一部分的上方，达到美化文本的作用。下面介绍设置双行合一的方法。

01 打开素材文档并选中文本，在"开始"选项卡中单击"中文版式"下拉按钮，在弹出的下拉菜单中选择"双行合一"命令，如图 3-65 所示。

02 在打开的"双行合一"对话框中勾选"带括号"复选框，在"括号样式"下拉列表中选择一种样式，单击"确定"按钮，如图 3-66 所示。

图 3-65

图 3-66

03 通过以上步骤即可完成设置双行合一效果的操作，如图 3-67 所示。

图 3-67

3.7.4　插入屏幕截图

屏幕截图是 WPS Office 软件非常实用的一个功能，它可以快速而轻松地将屏幕截图插入文档中，以此来收集信息，且不需要退出正在使用的程序。下面介绍插入屏幕截图的方法。

01 新建空白文档，选择"插入"选项卡，单击"更多"下拉按钮，在弹出的下拉菜单中选择"截屏"命令，如图 3-68 所示。

02 进入截屏模式，按住鼠标左键并拖动，框选截图区域，如图 3-69 所示。

图 3-68

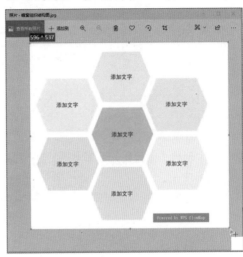

图 3-69

03 释放鼠标后显示工具栏，如果对截图满意单击"完成"按钮，如图 3-70 所示，此外还可以对所截取的图形进行简单的编辑操作。

04 返回文档中可以查看刚才截取的图片，如图 3-71 所示。

图 3-70

图 3-71

3.7.5　插入智能图形

　　WPS Office 提供的智能图形可以使文字之间的关联性更加清晰生动，避免逐个插入并编辑形状的麻烦。下面介绍插入智能图形的方法。

01 新建空白文档，选择"插入"选项卡，单击"智能图形"按钮，如图 3-72 所示。

图 3-72

02 在打开的"智能图形"窗口中选择"循环矩阵"图形选项，单击该图形示意图选项，如图 3-73 所示。

图 3-73

03 通过以上步骤即可完成在文档中插入智能图形的操作，如图 3-74 所示，用户根据实际需要添加文本内容即可。

图 3-74

3.8　案例演练

本节以制作企业培训流程图为例,对本章所学知识点进行综合运用。制作流程图时,要做到色彩统一、图文结合、编排简洁,使读者能把握重点并快速获取需要的信息。

01 新建空白文档,将其命名为"企业培训流程图",设置流程图的页面边距、页面大小,插入背景图片等,如图 3-75 所示。

02 选择"插入"选项卡,单击"艺术字"下拉按钮,在文档中插入艺术字标题"企业培训流程图",并设置文字效果,如图 3-76 所示。

图 3-75

图 3-76

03 根据企业的培训流程,在文档中插入自选图形,如图 3-77 所示。

图 3-77

04 根据企业的培训流程，在插入的形状中添加相关文字内容，并对文字与形状的样式进行编辑调整，如图 3-78 所示。

图 3-78

第4章

在文档中绘制表格

本章主要介绍插入表格、表格的基本操作和美化表格的知识与技巧，同时还讲解如何计算表格数据，在本章的最后讲解将表格转换成文本、跨页重复标题行、合并两个表格、绘制斜线表头和给单元格编号的方法。通过本章的学习，读者可以掌握在文档中绘制表格方面的知识。

4.1 插入表格

当需要处理一些简单的数据信息时，用户可以在文档中插入表格。表格由多个行或列的单元格组成，用户可以在编辑文档的过程中向单元格中添加文字或图片，以丰富文档内容。本节将介绍在文档中插入表格的相关知识。

4.1.1 使用示意表格插入表格

在制作 WPS Office 文档时，如果需要插入表格的行数未超过 8 或列数未超过 24，那么可以利用示意表格快速插入表格。下面介绍使用示意表格插入表格的方法。

01 打开素材文档，选择"插入"选项卡，单击"表格"下拉按钮，在弹出的下拉菜单中利用鼠标指针在示意表格中拖出一个 5 行 5 列的表格，如图 4-1 所示。

02 通过以上步骤即可完成使用示意表格插入表格的操作，效果如图 4-2 所示。

图 4-1　　　　　　　　　　　　图 4-2

4.1.2 通过对话框插入表格

在 WPS Office 文档中除了利用示意表格快速插入表格外，还可以通过"插入表格"对话框，插入指定行和列的表格。下面介绍使用对话框插入表格的方法。

01 新建空白文档，选择"插入"选项卡，单击"表格"下拉按钮，在弹出的下拉菜单中选择"插入表格"命令，如图 4-3 所示。

02 打开"插入表格"对话框，在"列数"和"行数"微调框中输入数值，单击"确定"按钮，如图 4-4 所示。

图 4-3	图 4-4

03 通过以上步骤即可完成通过对话框插入表格的操作，如图 4-5 所示。

图 4-5

4.1.3　手动绘制表格

在 WPS Office 文档中可通过手动绘制表格的功能，插入指定行和列的表格。下面介绍手动绘制表格的操作方法。

01 新建空白文档，选择"插入"选项卡，单击"表格"下拉按钮，在弹出的下拉菜单中选择"绘制表格"命令，如图 4-6 所示。

02 当光标变为铅笔样式时，按住鼠标左键不放，在文档合适位置绘制 13 行 7 列的表格，如图 4-7 所示。

图 4-6

图 4-7

提示

如果想要删除表格，可以选中表格，文档自动切换到"表格工具"选项卡，在该选项卡中单击"删除"下拉按钮，在弹出的下拉菜单中选择"表格"命令即可删除表格。

4.2 表格的基本操作

在文档中插入表格后，用户可以对表格中的行、列和单元格等对象进行插入或删除操作，以制作出满足需要的表格。表格的基本操作包括插入或删除行与列、合并与拆分单元格和输入数据等。

4.2.1 插入或删除行与列

在编辑表格的过程中，有时需要在表格中插入或删除行与列。下面介绍插入或删除行与列的方法。

01 打开素材文档，选中第 8 行单元格，在"表格工具"选项卡中单击"在上方插入行"按钮，如图 4-8 所示。

02 此时在选中行的上方已经插入了一行空白单元格，如图 4-9 所示。

图 4-8

图 4-9

03 选中第 3 列单元格，在"表格工具"选项卡中单击"在左侧插入列"按钮，如图 4-10 所示。

04 此时在选中列的左侧已经插入了一列空白单元格，如图 4-11 所示。

图 4-10

图 4-11

05 选中最后一行单元格，在"表格工具"选项卡中单击"删除"下拉按钮，在弹出的下拉菜单中选择"行"命令，如图 4-12 所示。

06 此时可以看到最后一行单元格已经被删除，如图 4-13 所示。

图 4-12

图 4-13

07 选中最右侧一列单元格，在"表格工具"选项卡中单击"删除"下拉按钮，在弹出的下拉菜单中选择"列"命令，如图 4-14 所示。

08 此时可以看到最右侧一列单元格已经被删除，如图 4-15 所示。

图 4-14

图 4-15

提示

将鼠标指针移至表格左侧的边框上，此时左侧边框将会自动显示"删除"按钮和"增加"按钮，单击其中的"删除"按钮，可快速删除所对应的行；单击"增加"按钮，则可在"增加"按钮对应行的上方增加一个空白行。如果想要在表格中增加或删除列，则应将鼠标指针移至表格上方的边框上，当同样出现"增加"按钮和"删除"按钮后，按照相同的操作方法也可以实现列的增加或删除操作。

4.2.2 合并与拆分单元格

在编辑表格的过程中，经常需要将多个单元格合并为一个单元格，或者将一个单元格拆分为多个单元格，此时就要用到合并和拆分单元格功能。下面介绍合并与拆分单元格的操作方法。

01 打开素材文档，选中倒数第 2 行单元格，在"表格工具"选项卡中单击"合并单元格"按钮，如图 4-16 所示。此时单元格已经被合并，如图 4-17 所示。

图 4-16　　　　　　　　　　　　　　　　图 4-17

02 将光标定位在准备进行拆分的单元格内，在"表格工具"选项卡中单击"拆分单元格"按钮，如图 4-18 所示。

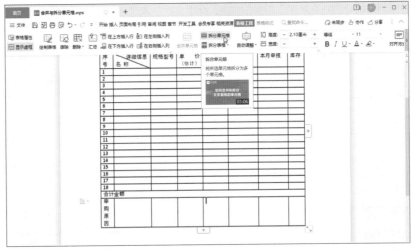

图 4-18

03 打开"拆分单元格"对话框，在"列数"和"行数"微调框中输入数值，单击"确定"按钮，如图 4-19 所示。此时单元格拆分完成，如图 4-20 所示。

图 4-19

图 4-20

4.2.3 输入数据

在表格中输入数据是制作表格最重要的一步，下面介绍输入数据的方法。

01 打开素材文档，将光标定位在单元格中，输入文字内容，如图 4-21 所示。

02 按下空格键完成文字输入，如图 4-22 所示。

图 4-21

图 4-22

03 参照上述方法在单元格中输入相应文字，完成整个表格的文字输入，如图 4-23 所示。

图 4-23

4.3 美化表格

在 WPS Office 文档中插入表格后，用户可以对表格应用样式，设置表格中文字的对齐方式，调整文字的方向，还可以对表格的底纹和边框进行设置。本节将详细介绍美化表格的相关知识。

4.3.1 应用表格样式

用户可以应用 WPS Office 自带的一些表格样式，达到快速美化表格的目的。下面介绍应用表格样式的方法。

01 打开素材文档并选中整个表格，选择"表格样式"选项卡，在"表格样式"菜单中选择一个样式，如图 4-24 所示。

02 此时表格已经应用了选择的样式，如图 4-25 所示。

图 4-24

图 4-25

4.3.2　设置对齐方式

表格的对齐方式主要是指单元格中文本的对齐，包括水平居中、靠上右对齐、靠下右对齐、靠上居中对齐等不同方式。下面介绍设置对齐方式的方法。

01 打开素材文档并选中整个表格，选择"表格工具"选项卡，单击"对齐方式"下拉按钮，在弹出的下拉菜单中选择"水平居中"命令，如图 4-26 所示。

02 此时表格文本已经水平居中显示，如图 4-27 所示。

图 4-26　　　　　　　　　　图 4-27

4.3.3　调整文字方向

在制作表格的过程中，有时会使用文字的各种排版样式，如横向、竖向和倒立等，从而让 WPS Office 文档更美观或者更加符合制作需求。下面介绍调整文字方向的方法。

01 打开素材文档并选中单元格区域，选择"表格工具"选项卡，单击"文字方向"下拉按钮，在弹出的下拉菜单中选择"垂直方向从右往左"命令，如图 4-28 所示。

02 此时表格文本已经垂直显示，如图 4-29 所示。

图 4-28

图 4-29

4.3.4 设置表格的边框和底纹

用户不仅可以为整个表格设置边框和底纹，还可以为单个单元格设置边框和底纹。下面介绍设置边框和底纹的方法。

01 打开素材文档，选中第1行单元格，选择"表格样式"选项卡，单击"底纹"下拉按钮，在弹出的下拉菜单中选择一种颜色，如图4-30所示。

02 此时选中的单元格区域已经添加了底纹，如图4-31所示。

图 4-30

图 4-31

03 将光标定位在表格中，在"表格样式"选项卡中单击"边框"下拉按钮，在弹出的下拉菜单中选择"边框和底纹"命令，如图4-32所示。

04 此时打开"边框和底纹"对话框，在"边框"选项卡的"设置"区域选择"全部"选项，在"线型"列表框中选择一种线条类型，在"颜色"下拉列表中选择一种颜色，在"宽度"下拉列表中选择"1.5磅"选项，单击"确定"按钮，如图4-33所示。

图 4-32

图 4-33

05 通过以上步骤即可完成设置边框和底纹的操作，效果如图 4-34 所示。

办公用品表格

物品名称	型号	单价	数量
文件袋	加厚牛皮纸档案袋	0.2	50
笔记本	英力佳创意记事本	9.9	20
收纳盒	进口 A4 纸收纳盒	12.9	30
记事本	商务记事本加厚	8.8	35
笔筒	彩色金属铁笔筒	2.5	15

图 4-34

4.4 计算表格数据

制作好表格的框架并输入相关数据后，用户可以利用 WPS Office 提供的简易公式计算功能。本节将介绍在表格中使用公式和函数、显示人民币大写金额的方法。

4.4.1 在表格中使用公式和函数

在 WPS Office 文档中，用户不仅可以制作表格，还可以对表格中的数据进行计算。下面介绍在表格中使用公式和函数计算数据的操作方法。

01 打开素材文档，将光标定位在单元格中，选择"表格工具"选项卡，单击"公式"按钮，如图 4-35 所示。

02 此时打开"公式"对话框，"公式"文本框中为默认的求和公式，在"数字格式"下拉列表中选择合适的数字格式，单击"确定"按钮，如图 4-36 所示。

图 4-35

图 4-36

03 返回编辑区，可以看到单元格中已经显示出计算结果，然后按照同样的方法，计算其他人的总成绩，如图 4-37 所示。

员工考核成绩统计表										
工号	部门	姓名	考核科目					总成绩	平均成绩	名次
			企业文化	管理制度	电脑知识	业务能力	团体贡献			
001	生产部	张三	85	77	68	78	92	401		
002	生产部	李四	99	84	87	76	78	426		
025	生产部	王五	91	93	72	83	92	456		
066	生产部	陈六	72	88	91	91	80	488		
037	销售部	林强	82	89	72	85	91	456		
014	销售部	彭飞	83	79	88	82	72	418		
009	行政部	范涛	77	81	87	85	88	427		
002	行政部	郭亮	88	92	85	88	87	442		
054	生产部	黄云	69	76	75	69	85	428		
062	生产部	张浩	86	72	79	86	75	460		

图 4-37

04 接下来计算平均分。选中单元格区域，单击"快速计算"下拉按钮，在弹出的下拉菜单中选择"平均值"命令，如图 4-38 所示。

05 此时单元格中已经显示计算结果，按照同样的方法，计算其他人的平均分，如图 4-39 所示。

图 4-38

图 4-39

4.4.2　显示人民币大写金额

一些表格中的金额需要大写显示，WPS Office 也能通过公式来实现这个效果。下面介绍显示人民币大写金额的具体方法。

01 打开素材文档，将光标定位在单元格中，选择"表格工具"选项卡，单击"公式"按钮，如图 4-40 所示。

02 此时打开"公式"对话框，在"公式"文本框中输入公式，在"数字格式"下拉列表中选择"人民币大写"选项，单击"确定"按钮，如图 4-41 所示。

图 4-40

图 4-41

03 返回编辑区，可以看到单元格中已经显示出计算结果，如图 4-42 所示

差旅费统计表

所属部门	交通费用	住宿费用	膳食费用	费用总额
企划部 汇总	1124	820	2780	4724
财务部 汇总	0	980	820	1800
销售部 汇总	1750	1440	120	3310
推广部 汇总	1160	0	0	1160
财务部 汇总	1080	320	518	1918
所有部门总费用（大写）：壹万贰仟玖佰壹拾贰元整				

图 4-42

> 💡 **提示**
>
> 用户还可以对表格中的数据进行排序操作，选中一列数据，选择"表格工具"选项卡，单击"排序"按钮，在打开的"排序"对话框中用户可以设置"主要关键字""次要关键字"和"第三关键字"选项来进行排序。

4.5 进阶技巧

本节将介绍一些使用 WPS Office 设置表格的常用技巧，用户通过这些技巧可以更进一步掌握使用 WPS Office 的方法，其中包括将表格转换成文本、跨页重复标题行、合并两个表格、绘制斜线表头和给单元格编号。

4.5.1 将表格转换成文本

使用 WPS Office 制作表格时，允许将表格转换成文本。下面介绍将表格转换为文本的具体操作。

01 打开素材文档，选择"表格工具"选项卡，单击"转换成文本"按钮，如图 4-43 所示。

02 打开"表格转换成文本"对话框，在"文字分隔符"区域选择"制表符"单选按钮，单击"确定"按钮，如图 4-44 所示。

图 4-43　　　　　　　　　　　　　　图 4-44

03 通过以上步骤即可完成将表格转换为文本的操作，如图 4-45 所示。

图 4-45

4.5.2 跨页重复标题行

当表格内容较长时，可能需要两页甚至更多页才能完整显示表格内容，但是默认状态下，从第二页开始表格不显示标题行，这样非常不便于表格数据的查看，用户可以利用 WPS Office 中的标题行重复功能来解决这一问题。下面介绍跨页重复标题行的方法。

01 打开素材文档，将光标定位在标题行中，选择"表格工具"选项卡，单击"标题行重复"按钮，如图 4-46 所示。

02 此时可以看到第 2 页上方自动添加了标题行，如图 4-47 所示。

图 4-46　　　　　　　　　　　　　　　　　图 4-47

4.5.3　合并两个表格

在 WPS Office 文档中将两个表格之间的空行删去，便可以合并两个独立的表格。如果只是简单删除两个表格之间的空行，虽然能将两个表格连接在一起，但其实两个表格仍然是独立的。下面介绍合并两个表格的正确方法。

01 打开素材文档，选中任意一个表格，选择"表格工具"选项卡，单击"表格属性"按钮，如图 4-48 所示。

图 4-48

02 打开"表格属性"对话框，在"表格"选项卡的"文字环绕"区域中选择"无"选项，单击"确定"按钮，如图 4-49 所示。

03 再选中另一表格，按照同样方法进行设置，如图 4-50 所示。

图 4-49　　　　　　　　　　　　　　　　图 4-50

04 此时将两个表格之间的空行删除，即可完成合并操作，如图 4-51 所示。

图 4-51

4.5.4　绘制斜线表头

有时为了使表格中的各项内容展示得更清晰，用户可以使用 WPS Office 提供的绘制斜线表头功能。下面介绍绘制斜线表头的方法。

01 打开素材文档，选中第 1 个单元格，选择"表格样式"选项卡，单击"绘制斜线表头"按钮，如图 4-52 所示。

02 在打开的"斜线单元格类型"对话框中选择一种样式，单击"确定"按钮，如图 4-53 所示。

图 4-52

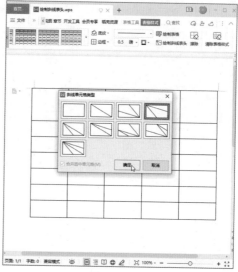

图 4-53

03 此时单元格显示斜线表头样式，在其中输入内容即可完成绘制斜线表头的操作，如图 4-54 所示。

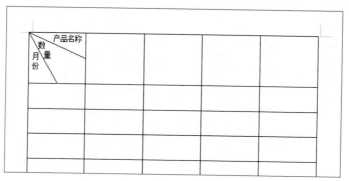

图 4-54

4.5.5　给单元格编号

在制作表格的过程中有时会遇到输入有规律数据的情况，如在每行的开头使用连续编号，用户可以利用 WPS Office 提供的编号功能，自动输入这些数据。下面介绍给单元格编号的方法。

01 打开素材文档，选中需要自动编号的单元格区域，选择"开始"选项卡，单击"编号"下拉按钮，在弹出的下拉菜单中选择"自定义编号"命令，如图 4-55 所示。

02 在打开的"项目符号和编号"对话框中选择一种样式，单击"自定义"按钮，如图 4-56 所示。

图 4-55　　　　　　　　　　　　　　　　图 4-56

03 打开"自定义编号列表"对话框，在"编号格式"文本框中输入内容，单击"确定"按钮，如图 4-57 所示。

04 通过以上步骤即可完成给单元格编号的操作，如图 4-58 所示。

图 4-57　　　　　　　　　　　　　　　　图 4-58

4.6　案例演练

本节以制作应聘登记表为例，对本章所学知识点进行综合运用。应聘登记表要涵盖应聘者的姓名、性别、出生日期、照片粘贴处、籍贯、居住地、民族、身高、体重、学历、毕业院校、毕业时间、专业、所获证书、应聘职位、工作经历等内容。

01 新建空白文档，将其命名为"应聘登记表"，输入表格标题，利用"插入表格"对话框插入一个 17 行 7 列的表格，如图 4-59 所示。

02 在"表格工具"选项卡中对单元格进行合并和拆分操作，效果如图 4-60 所示。

图 4-59

图 4-60

03 在表格中输入文字内容，并调整文字方向和对齐方式，如图 4-61 所示。

04 拖动鼠标指针调整表格的列宽，对表格应用相应的表格样式，效果如图 4-62 所示。

图 4-61

图 4-62

第 5 章

文档的高级排版设计

本章主要介绍邮件合并和审阅文档的知识与技巧，同时还讲解如何共享和保护文档，在本章的最后讲解奇偶页双面打印、统计文档字数、将简体中文转换为繁体、在审阅窗格中查看审阅内容和将文档输出为图片的方法。通过本章的学习，读者可以掌握文档高级排版方面的知识。

5.1 邮件合并

邮件合并可以将内容有变化的部分，如姓名或地址等制作成数据源，将文档内容相同的部分制作成一个主文档，然后将数据源中的信息合并到主文档中。本节将以制作工资条为例，介绍邮件合并的相关知识。

5.1.1 创建主文档

使用邮件合并功能的第一步是创建一个主文档，创建主文档的方法非常简单，下面介绍具体方法。

01 在 WPS Office 中打开"员工工资表 .xlsx"素材文档，如图 5-1 所示。

02 新建一个空白文档，输入标题"ABC 有限公司 2022 年 1 月工资表"，如图 5-2 所示。

图 5-1

图 5-2

03 按 Enter 键换行，选择"插入"选项卡，单击"表格"下拉按钮，使用示意表格绘制 9 列 2 行的表格，如图 5-3 所示。

04 根据打开的 Excel 素材表格中的标题行，在表格中输入行标题，如图 5-4 所示。

05 选择"页面布局"选项卡，单击"纸张方向"下拉按钮，在弹出的下拉菜单中选择"横向"命令，如图 5-5 所示。

06 通过以上步骤即可完成创建主文档的操作，如图 5-6 所示。

图 5-3

图 5-4

图 5-5

图 5-6

5.1.2　导入数据源

本节主要介绍将已有的数据源导入文档的操作方法，其中已有数据源是 Excel 数据表。

01 打开上节创建好的主文档，选择"引用"选项卡，单击"邮件"按钮，如图 5-7 所示。

02 进入"邮件合并"选项卡，单击"打开数据源"下拉按钮，在弹出的下拉菜单中选择"打开数据源"命令，如图 5-8 所示。

图 5-7

图 5-8

03 在打开的"选取数据源"对话框中选择数据源所在位置，这里选中"员工工资表 .xlsx"文件，单击"打开"按钮即可完成操作，如图 5-9 所示。

图 5-9

5.1.3　将数据源合并到主文档

将数据源合并到主文档中，是指将数据源中的数据与文档进行合并。下面介绍将数据源合并到主文档的具体方法。

01 打开素材文档，将光标定位在第 2 行第 1 个单元格中，单击"邮件合并"选项卡中的"插入合并域"按钮，如图 5-10 所示。

02 打开"插入域"对话框，在"域"列表框中选择"员工编号"选项，单击"插入"按钮，如图 5-11 所示。

图 5-10　　　　　　　　　　　　　　　　图 5-11

03 此时光标所在单元格已经插入了合并域《员工编号》，如图 5-12 所示。

员工编号	姓名	应发工资	缴纳社保费	月收入合计	缴税部分
《员工编号》					

ABC 有限公司 2022 年 1 月工资表

图 5-12

04 使用相同方法，插入合并域《应发工资》《缴纳社保费》《月收入合计》《缴税部分》《速算扣除数》《扣所得税》和《实发工资》，如图 5-13 所示。

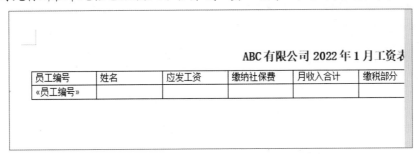

图 5-13

05 单击"邮件合并"选项卡中的"合并到新文档"按钮，如图 5-14 所示。

06 在打开的"合并到新文档"对话框中选择"全部"单选按钮，然后单击"确定"按钮，如图 5-15 所示。

| 图 5-14 | 图 5-15 |

07 此时 WPS Office 自动生成一个新文档，并分页显示每名员工的工资条，如图 5-16 所示。

08 按 Ctrl+H 组合键，打开"查找和替换"对话框，在"查找内容"文本框中输入"^b"，然后单击"全部替换"按钮，如图 5-17 所示。

| 图 5-16 | 图 5-17 |

09 打开"WPS 文字"对话框，提示替换完成，单击"确定"按钮，如图 5-18 所示。

10 此时已将现成的数据源进行合并操作，如图 5-19 所示。

图 5-18

图 5-19

> **提示**
>
> 在文档中合并数据源后，合并域默认显示为灰色底纹，要想取消合并域的底纹效果，直接单击"邮件合并"选项卡中的"合并域底纹"按钮即可。如果不想在文档中看到插入的合并域，单击"开始"选项卡中的"显示/隐藏编辑标记"按钮即可。

5.2　审阅文档

在日常工作中，某些文件需要领导审阅或者经过大家讨论后才能执行，此时需要在这些文件上进行一些批示和修改。WPS Office 提供的审阅功能可以将修改操作记录下来，让接收文档的人看到审阅人对文档所做的修改操作。

5.2.1　拼写检查

拼写检查的目的是在一定程度上避免用户输入英文单词时产生失误。下面介绍使用拼写检查的方法。

01 打开素材文档，选择"审阅"选项卡，单击"拼写检查"按钮，如图 5-20 所示。

02 打开"拼写检查"对话框，在"检查的段落"栏中检查出一处错误，并以红色字体显示拼写错误的文本，在"更改建议"列表框中选择一个正确的选项，单击"更改"按钮，如图 5-21 所示。

图 5-20

图 5-21

03 在打开的"WPS 文字"对话框中单击"确定"按钮，如图 5-22 所示。

04 此时文档中的单词已经被修改，如图 5-23 所示。

图 5-22

图 5-23

5.2.2 插入批注

批注是指文章的编写者或审阅者为文档添加的注释或批语。在对文章进行审阅时，可以使用批注来对文档中的内容做出说明意见和建议，方便文档审阅者和编写者之间进行交流。下面介绍插入批注的方法。

01 打开素材文档，将光标定位在标题上，选择"审阅"选项卡，单击"插入批注"按钮，如图 5-24 所示。

02 在窗口右侧显示批注框，输入批注内容即可完成插入批注的操作，如图 5-25 所示。

图 5-24

图 5-25

5.2.3　修订文档

在审阅文档时若发现文档中存在错误，可以使用修订功能直接修改。下面介绍修订文档的具体方法。

01 打开素材文档并选中文档内容，选择"审阅"选项卡，单击"修订"下拉按钮，在弹出的下拉菜单中选择"修订"命令，如图 5-26 所示。

02 按 Delete 键删除选中的文本，文档右侧会显示出修订的标记，再次单击"修订"按钮，退出修订状态，如图 5-27 所示。

图 5-26

图 5-27

5.2.4　插入脚注和尾注

适当为文档中的某些内容添加注释，可以使文档更加专业，方便用户更好地完成工作。若将这些注释内容添加到页脚，即称为"脚注"，可以作为文档某处内容的注释。若将注释添加在文档的末尾，则称为"尾注"，尾注一般列出引文的出处等。下面介绍插入脚注和尾注的方法。

01 打开素材文档并选中文本内容，选择"引用"选项卡，单击"插入脚注"按钮，如图 5-28 所示。

02 此时在文档页末出现一个脚注分隔符，在分隔符下方输入脚注内容即可，如图 5-29 所示。

图 5-28

图 5-29

03 将光标移至插入了脚注的文本上，可以查看脚注内容，如图 5-30 所示。

04 将光标定位到文档的末尾，选择"引用"选项卡，单击"插入尾注"按钮，如图 5-31 所示。

图 5-30

图 5-31

05 在文档的最后出现尾注输入区域，输入尾注内容，将光标移至插入尾注的标识上，可以查看尾注内容，如图 5-32 所示。

图 5-32

5.2.5　制作索引

　　索引是根据一定需要把书刊中的主要概念或各种题名摘录出来,标明出处和页码,按一定次序分条排列,以供人查阅的资料。索引的本质是在文档中插入一个隐藏的代码,便于作者快速查询。下面介绍制作索引的方法。

01　打开素材文档并选中文本,选择"引用"选项卡,单击"标记索引项"按钮,如图 5-33 所示。

02　打开"标记索引项"对话框,在"主索引项"文本框中自动显示了所选文本,单击"标记"按钮,再单击"关闭"按钮,如图 5-34 所示。

图 5-33　　　　　　　　　　　　　　图 5-34

03　在文档中继续选择需要制作索引的文本内容,单击"标记索引项"按钮,如图 5-35 所示。

图 5-35

04　打开"标记索引项"对话框,在"主索引项"文本框中自动显示了所选文本,单击"标记"按钮,再单击"关闭"按钮,如图 5-36 所示。

05　将光标定位到文档的末尾处,单击"引用"选项卡中的"插入索引"按钮,如图 5-37 所示。

图 5-36

图 5-37

06 打开"索引"对话框，勾选"页码右对齐"复选框，单击"确定"按钮，如图 5-38 所示。

07 在光标插入点即可看到制作好的索引，如图 5-39 所示。

图 5-38

图 5-39

💡 **提示**

索引和目录的区别在于索引侧重于显示文档中的重要内容，目录则侧重于显示整个文档的大纲结构。

5.3　文档的共享和保护

文档制作完成后，为了防止他人随意编辑或者查看该文档，可以对文档设置相应的保护。此外用户还可以将文档上传至云端，实现共享操作。本节将详细介绍文档共享和保护的相关知识。

5.3.1　使用密码保护文档

为了保证重要文档的安全，用户可以为该文档设置密码。下面介绍使用密码保护文档的操作方法。

01　打开素材文档，单击"文件"按钮，在弹出的菜单中单击"文档加密"命令，在子菜单中选择"密码加密"命令，如图 5-40 所示。

02　在打开的"密码加密"对话框中设置"打开权限"和"编辑权限"的密码为"123"，单击"应用"按钮，如图 5-41 所示。

图 5-40

图 5-41

03　再次打开文档时，会打开"文档已加密"对话框，提示用户输入文档打开密码，在文本框中输入密码，单击"确定"按钮，如图 5-42 所示。

04　如果用户设置了编辑权限密码，则会继续打开"文档已设置编辑密码"对话框，提示用户输入密码，或者以只读模式打开。在文本框中输入密码，单击"解锁编辑"按钮，如图 5-43 所示。

图 5-42

图 5-43

05 打开文档后，可以发现该文档名称右侧会有密码加密的标记，如图 5-44 所示。

图 5-44

5.3.2 更改文档格式

如果用户希望他人只能查看文档，而不能对文档进行修改，则可以将文档更改为 PDF 格式。下面介绍将文档更改为 PDF 格式的操作方法。

01 打开素材文档，单击"文件"按钮，在弹出的菜单中单击"输出为 PDF"命令，如图 5-45 所示。

02 打开"输出为 PDF"对话框，文档自动添加在对话框中，设置"输出选项"和"保存位置"选项，单击"开始输出"按钮即可，如图 5-46 所示。

图 5-45

图 5-46

03 如果在"输出选项"中选择"纯图 PDF"单选按钮，该功能可以防止文件内容不可被复制，最后单击"开始输出"按钮，如图 5-47 所示。

04 输出成功后，用户可在保存的文件夹中查看输出的 PDF 文档，如图 5-48 所示。

图 5-47

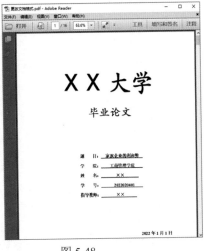

图 5-48

5.3.3　共享文档

　　如果用户想要将文档共享给其他人，则可以使用 WPS Office 文档中的分享文档功能。下面介绍共享文档的操作方法。

01 打开素材文档，单击"文件"下拉按钮，在弹出的下拉菜单中选择"分享文档"命令，如图 5-49 所示。

02 在打开的"另存云端开启'分享'"对话框中单击"上传到云端"按钮，如图 5-50 所示。

图 5-49

图 5-50

03 显示上传成功后，用户可以在打开的对话框中选择性地发给联系人进行文档编辑，同时可以设置文档的共享权限，比如让他人只能浏览文档，不能对其进行修改等操作，如图 5-51 所示。

图 5-51

5.4　进阶技巧

本节将介绍一些关于文档高级排版的常用技巧，用户通过这些技巧可以更进一步掌握使用 WPS Office 的方法，其中包括设置奇偶页双面打印、统计文档字数、将简体中文转换为繁体、在审阅窗格中查看审阅内容，以及将文档输出为图片等内容。

5.4.1　奇偶页双面打印

在办公室物品耗材中，用于打印文档的打印纸占主要部分。为了节省纸张，用户可以将纸张双面打印使用。下面介绍设置奇偶页双面打印的操作方法。

01 打开素材文档，按 Ctrl+P 组合键打开"打印"对话框，然后在"页码范围"区域的"打印"下拉列表中选择"奇数页"选项，单击"确定"按钮，即可开始打印奇数页，如图 5-52 所示。

图 5-52

02 打印完奇数页后，将纸张翻转一面重新放入打印机，在"页码范围"区域的"打印"下拉列表中选择"偶数页"选项，单击"确定"按钮，即可开始打印偶数页，如图 5-53 所示。

图 5-53

5.4.2　统计文档字数

用户可以通过可读性统计信息了解 WPS Office 文档中包含的字符数、段落数和非中文单词等信息。下面介绍统计文档字数的操作方法。

01 打开素材文档，选择"审阅"选项卡，单击"字数统计"按钮，如图 5-54 所示。

02 打开"字数统计"对话框，用户可以在该对话框中查看可读性统计的相关信息，如果勾选"包括文本框、脚注和尾注"复选框，还可以统计文本框、脚注和尾注的信息，查看完成后单击"关闭"按钮即可，如图 5-55 所示。

图 5-54

图 5-55

5.4.3 将简体中文转换为繁体

在特殊情况下为了方便阅读，需要将文档中的简体中文转换为繁体。下面介绍将简体中文转换为繁体的操作方法。

01 打开素材文档，选择"审阅"选项卡，单击"简转繁"按钮，如图5-56所示。

02 此时文档中的内容由中文简体转换为繁体，如图5-57所示。

图 5-56 图 5-57

5.4.4 在审阅窗格中查看审阅内容

用户可以在已经添加了修订的文档中打开审阅窗格，查看审阅内容的细节。下面介绍在审阅窗格中查看审阅内容的操作方法。

01 打开素材文档，选择"审阅"选项卡，单击"审阅"下拉按钮，在弹出的下拉菜单中选择"审阅窗格"|"垂直审阅窗格"命令，如图5-58所示。

02 此时文档显示审阅窗格，用户可以查看修订的内容，如图5-59所示。

图 5-58 图 5-59

5.4.5　将文档输出为图片

用户不仅可以将文档输出为 PDF 格式，还可以将文档输出为图片。下面介绍将文档输出为图片的操作方法。

01 打开素材文档，单击"文件"按钮，在弹出的菜单中单击"输出为图片"命令，如图 5-60 所示。

02 打开"输出为图片"对话框，在"输出方式"区域中选择"合成长图"选项，然后设置"水印设置""输出页数"和"输出格式"等其他选项，设置完成后单击"输出"按钮，如图 5-61 所示。

图 5-60

图 5-61

03 打开"输出成功"对话框，如图 5-62 所示，单击"打开"按钮即可查看输出的图片。

图 5-62

5.5　案例演练

本节以审阅与打印个人工作报告为例，对本章所学知识点进行综合运用。审阅与打印个人工作报告主要包括对文档进行修订和进行打印设置等内容。

01 打开素材文档，选择"审阅"选项卡，单击"修订"按钮，如图5-63所示。

02 选中文本，单击"插入批注"按钮，如图5-64所示。

图 5-63　　　　　　　　　　　　　　　　　图 5-64

03 此时文档窗口右侧出现批注框，输入批注内容，如图5-65所示。

04 按 Ctrl+P 组合键打开"打印"对话框，设置打印参数，单击"确定"按钮即可打印文档，如图5-66所示。

图 5-65　　　　　　　　　　　　　　　　　图 5-66

第**6**章

创建与编辑 WPS 表格

本章主要介绍工作簿、工作表和单元格的基本操作，以及录入数据和编辑数据的知识与技巧，同时还讲解如何美化表格，在本章的最后讲解更改默认的工作表张数、输入身份证号码等方法。通过本章的学习，读者可以掌握使用 WPS Office 创建与编辑表格的知识。

6.1 工作簿的基本操作

使用 WPS Office 表格创建的工作簿是主要用于存储和处理数据的工作文档，也称为电子表格。默认新建的工作簿以"工作簿1"命名，并显示在标题栏的文档名处。WPS Office 提供了创建和保存工作簿、加密工作簿、分享工作簿等功能。

6.1.1 新建并保存工作簿

要使用 WPS Office 制作电子表格，首先应创建工作簿，然后以相应的名称保存工作簿。下面介绍新建并保存工作簿的操作方法。

01 启动 WPS Office，单击打开的界面左侧的"新建"按钮，进入"新建"窗口，单击"新建表格"命令，选择"新建空白表格"选项，如图6-1所示。

02 此时 WPS Office 新建了一个默认名为"工作簿1"的工作簿，单击"保存"按钮，如图6-2所示。

图 6-1

图 6-2

03 在打开的"另存文件"对话框中选择工作簿的保存位置，在"文件名"文本框中输入名称，单击"保存"按钮，如图6-3所示。

04 返回到工作簿中，可以看到标题名称已经被更改，如图6-4所示。通过以上步骤即可完成新建并保存工作簿的操作。

 提示

用户启动 WPS Office 程序后，直接按 Ctrl+N 组合键可以快速创建一个空白电子表格。

图 6-3

图 6-4

6.1.2 加密保护工作簿

在商务办公中，工作簿经常会有涉及公司机密的数据信息，这时通常需要为工作簿设置打开和修改密码。下面介绍加密保护工作簿的操作方法。

01 打开素材工作簿，单击"文件"按钮，在弹出的菜单中选择"文档加密"|"密码加密"命令，如图 6-5 所示。

02 在打开的"密码加密"对话框中设置"打开权限"和"编辑权限"的密码为"123"，单击"应用"按钮，如图 6-6 所示。

图 6-5

图 6-6

03 再次打开文档时，会打开"文档已加密"对话框，提示用户输入文档打开密码，在文本框中输入密码，单击"确定"按钮，如图 6-7 所示。

04 如果用户设置了编辑权限密码，则会继续打开"文档已设置编辑密码"对话框，提示用户输入密码，或者以只读模式打开。在文本框中输入密码，单击"解锁编辑"按钮，如图 6-8 所示。

图 6-7 　　　　　　　　　　　图 6-8

提示

　　打开"密码加密"对话框后，在"打开权限"和"编辑权限"中删除所有设置的密码信息，然后单击"应用"按钮，即可撤销工作簿的加密保护。

6.1.3　分享工作簿

　　在实际办公过程中，工作簿的数据信息有时需要多个部门的人员进行查阅，此时可以采用 WPS Office 的分享功能来实现。下面介绍分享工作簿的操作方法。

01 打开素材工作簿，单击"文件"按钮，在弹出的菜单中选择"分享"命令，如图 6-9 所示。

02 在打开的"另存云端开启'分享'"对话框中单击"上传到云端"按钮，如图 6-10 所示。

图 6-9

图 6-10

03 显示上传成功后，用户可以在打开的对话框中选择性地发给联系人进行文档编辑，同时可以设置文档的共享权限，比如让他人只能浏览文档，不能对其进行修改等操作，如图 6-11 所示。

图 6-11

6.2　工作表的基本操作

本节主要介绍如何对工作表进行基本的管理，包括添加与删除工作表、重命名工作表、设置工作表标签的颜色及保护工作表。

6.2.1　添加与删除工作表

在实际工作中可能会用到更多的工作表，需要用户在工作簿中添加新的工作表，而多余的工作表则可以直接删除。下面介绍添加与删除工作表的操作方法。

01 新建空白工作簿，单击"新建工作表"按钮，如图 6-12 所示。

02 此时在 Sheetl 工作表的右侧自动新建了一个名为 Sheet2 的空白工作表，效果如图 6-13 所示。

图 6-12

图 6-13

03 右击 Sheetl 工作表标签，在弹出的快捷菜单中选择"删除工作表"命令，如图 6-14 所示。

04 此时 Sheet1 工作表已被删除，如图 6-15 所示。

图 6-14   图 6-15

6.2.2 工作表的重命名

在默认情况下，工作表以 Sheet1、Sheet2、Sheet3 依次命名。在实际应用中，为了区分工作表，可以根据表格名称、创建日期、表格编号等对工作表进行重命名。下面介绍重命名工作表的操作方法。

01 新建空白工作簿，右击 Sheet1 工作表标签，在弹出的快捷菜单中选择"重命名"命令，如图 6-16 所示。

02 此时名称呈选中状态，使用输入法输入名称，如图 6-17 所示。

图 6-16

图 6-17

03 输入完成后按 Enter 键即可完成重命名工作表的操作，如图 6-18 所示。

图 6-18

6.2.3　设置工作表标签的颜色

当一个工作簿中存在很多工作表，不方便用户查找时，可以通过更改工作表标签颜色的方式来标记常用的工作表，使用户能够快速查找到需要的工作表。下面介绍设置工作表标签颜色的操作方法。

01 新建空白工作簿，右击 Sheet1 工作表标签，在弹出的快捷菜单中选择"工作表标签颜色"命令，在打开的颜色库选项中选择一种颜色，如图 6-19 所示。

02 此时工作表的标签颜色已经被更改，效果如图 6-20 所示。

图 6-19

图 6-20

6.2.4　工作表的保护

为了防止表格中的重要数据泄露，可以为其设置保护。下面介绍保护工作表的操作方法。

01 打开素材工作簿，选择"审阅"选项卡，单击"保护工作表"按钮，如图 6-21 所示。

02 在弹出的"保护工作表"对话框的"密码"文本框中输入"123"，在列表框中勾选"选定锁定单元格"和"选定未锁定单元格"复选框，单击"确定"按钮，如图 6-22 所示。

图 6-21

图 6-22

03 返回编辑区，此时如果对工作表中的内容进行修改，会弹出一段提示文字，提示用户不能修改，如图 6-23 所示。

	A	B	C	D	E	F	G	H
				被保护单元格不支持此功能				
1	品名	第一季度	第二季度	第三季度	第四季度	年度合计		
2	家电	578568.5	84558.09	574272.6	4458704	5696103.19		
3	食品	5025580.4	125878.35	4472249	335530.6	9959238.35		
4	服装	330500	15583895	7177645	447837.5	23539877.5		
5	化妆品	425800	789878.35	7852339	54050.09	9122067.44		
6	日常百货	17400	525420.23	88025.2	55758146	56546091.43		
7	家具	101800.63	4225878	543384.72	47467522	52338585.35		
8	小家电	234100	13052898	197444.24	510445.28	13994887.52		
9	电脑	450200	102578.35	117603.76	278667.34	949049.45		
10	季度合计	7321049.53	34490984.37	21022963.5	109310902.8	172145900.2		
11								
12								

图 6-23

提示

用户还可以对工作簿的结构进行保护，在"审阅"选项卡中单击"保护工作簿"按钮，打开"保护工作簿"对话框并输入密码，单击"确定"按钮，弹出"确认密码"对话框，再次输入密码，单击"确定"按钮返回到表格中。此时右击任意工作表标签，在弹出的快捷菜单中可以看到"插入工作表""删除工作表""隐藏工作表"等命令选项呈灰色不可用状态，编辑受到限制。若想取消对工作簿的保护，在"审阅"选项卡中单击"取消保护工作簿"按钮，在弹出的对话框中输入密码即可。

6.3　单元格的基本操作

为使制作的表格更加整洁美观，用户可以对单元格进行编辑整理，常用的操作包括插入与删除单元格、合并与拆分单元格、调整单元格的行高与列宽等，以方便数据的输入和编辑。本节将详细介绍单元格的基本操作方法。

6.3.1　插入与删除单元格

在对工作表进行编辑时，通常会涉及插入与删除单元格的操作。下面介绍插入与删除单元格的操作方法。

01 打开素材工作表，选中 C4 单元格，在"开始"选项卡中单击"行和列"下拉按钮，在弹出的下拉菜单中选择"插入单元格" | "插入单元格"命令，如图 6-24 所示。

02 打开"插入"对话框，选择"活动单元格下移"单选按钮，单击"确定"按钮，如图 6-25 所示。

<table>
<tr><td>图 6-24</td><td>图 6-25</td></tr>
</table>

03 可以看到 C4 位置插入了一个空白单元格，如图 6-26 所示。

04 选中准备删除的单元格，在"开始"选项卡中单击"行和列"下拉按钮，在弹出的下拉菜单中选择"删除单元格"|"删除单元格"命令，如图 6-27 所示。

<table>
<tr><td>图 6-26</td><td>图 6-27</td></tr>
</table>

05 打开"删除"对话框，选择"下方单元格上移"单选按钮，如图 6-28 所示，单击"确定"按钮，表格恢复原样。

图 6-28

6.3.2　合并与拆分单元格

如果用户希望将两个或两个以上的单元格合并为一个单元格，这时就可以通过合并单元格的操作来实现。对于已经合并的单元格，需要时可以将其拆分为多个单元格。下面介绍合并与拆分单元格的操作方法。

01 打开素材工作表，选中 A1 ~ G1 单元格区域，在"开始"选项卡中单击"合并居中"下拉按钮，在弹出的下拉菜单中选择"合并居中"命令，如图 6-29 所示。

02 合并后的单元格将居中显示，如图 6-30 所示。

图 6-29　　　　　　　　　　　　　　　　图 6-30

03 选中准备进行拆分的单元格，单击"合并居中"下拉按钮，在弹出的下拉菜单中选择"拆分并填充内容"命令，如图 6-31 所示。

04 单元格被拆分并且每个单元格中都会填充拆分前的内容，如图 6-32 所示。

图 6-31　　　　　　　　　　　　　　　　图 6-32

6.3.3　调整单元格的行高与列宽

当单元格的行高或列宽不合理时，将直接影响到单元格中数据的显示，用户可以根据需要进行调整。下面介绍调整单元格的行高与列宽的操作方法。

01 打开素材工作表，选中所有数据区域，在"开始"选项卡中单击"行和列"下拉按钮，在弹出的下拉菜单中选择"行高"命令，如图 6-33 所示。

02 打开"行高"对话框，在"行高"微调框中输入数值，单击"确定"按钮，如图 6-34 所示。

图 6-33

图 6-34

03 再次单击"行和列"下拉按钮，在弹出的下拉菜单中选择"最适合的列宽"命令，如图 6-35 所示。

04 通过以上步骤即可完成调整行高和列宽的操作，如图 6-36 所示。

图 6-35

图 6-36

6.4 录入数据

数据是表格中不可或缺的元素，在 WPS Office 中常见的数据类型有文本型、数字型、日期和时间型、公式等。输入不同的数据类型，其显示方式也不相同。本节将介绍输入不同类型数据的操作方法。

6.4.1 输入文本

文本是表格常用的一种数据类型，如表格的标题、行标题和列标题等。下面介绍在表格中输入文本的操作方法。

01 新建空白工作簿，将 A1 ~ H1 单元格区域合并居中，选中合并后的单元格，输入标题"考评成绩表"，如图 6-37 所示。

02 使用相同的方法输入行标题和列标题，如图 6-38 所示。

图 6-37

图 6-38

6.4.2 输入数值

在日常操作中经常要输入大量的数值内容。下面介绍在表格中输入数值的操作方法。

01 打开素材工作表，选中 C3 单元格，输入数值，如图 6-39 所示。

图 6-39

02 按下 Enter 键完成数值的输入，使用相同的方法输入其他数值，如图 6-40 所示。

姓名	所在部门	专业知识	日常管理	工作业绩	平均成绩	总成绩	成绩排名
张三	公关部	76	95	88	86	259	4
李四	公关部	69	77	93	80	239	6
王五	行政部	92	97	94	94	283	1
赵六	后勤部	69	99	96	88	264	3
陈七	后勤部	94	73	79	82	246	5
周八	市场部	97	79	89	88	265	2

图 6-40

> **提示**
>
> 　　输入一个较长的数字时，在单元格中会显示为科学记数法或者填满了"###"符号，表示该单元格的列宽太小不能显示完整的数字，此时只需要调整列宽即可。

6.4.3　输入日期和时间

在使用电子表格进行各种报表的编辑和统计时，经常需要输入日期和时间。下面介绍在表格中输入日期和时间的操作方法。

01 新建空白工作簿，选中 A1 单元格，输入"2022/1/1"，如图 6-41 所示。

02 按下 Enter 键完成时间的输入，需要注意的是此处显示的日期格式与用户在 Windows 控制面板中的"区域"设置有关，可以设置短日期或长日期的格式。选中 B1 单元格，输入"17:30"(英文状态的冒号)，如图 6-42 所示，按下 Enter 键完成输入。效果如图 6-43 所示。

图 6-41　　　　　　　图 6-42

图 6-43

6.4.4 输入序列数据

在输入数据的过程中，经常需要输入一系列日期、数字或文本。例如，要在相邻的单元格中输入 1、2、3 等，或者输入一个日期序列 (星期一、星期二、星期三等)，用户可以利用 WPS Office 提供的序列填充功能来快速输入数据。下面介绍输入序列数据的操作方法。

01 新建空白工作簿，选定要填充的第一个单元格并输入数据序列中的初始值，选定区域中的下一个单元格并输入数据序列的第二个数值，两个数值之间的差决定数据序列的步长值。将鼠标指针移到单元格区域右下角的填充柄上，当鼠标指针变成黑色十字形状时，按住鼠标左键在要填充的区域上拖动，如图 6-44 所示。

02 释放鼠标，此时将在这个区域完成填充工作，效果如图 6-45 所示。

图 6-44　　　　　　　　图 6-45

6.4.5 输入特殊符号

实际应用中可能需要输入特殊符号，如℃、?、§ 等，在 WPS Office 中可以轻松输入这类符号。下面介绍输入特殊符号的操作方法。

01 新建空白工作簿，选中单元格，选择"插入"选项卡，单击"符号"下拉按钮，在弹出的下拉菜单中选择"其他符号"命令，如图 6-46 所示。

图 6-46

02 在打开的"符号"对话框中选择"符号"选项卡，选择要插入的符号如"π"，单击"插入"按钮，如图 6-47 所示。

03 返回工作表中，此时选中的单元格中显示特殊符号，如图 6-48 所示。

图 6-47

图 6-48

6.4.6　设置数字格式

在工作表的单元格中输入的数字通常按照常规格式显示，但是这种格式可能无法满足用户的需求，例如，财务报表中的数据常用的是货币格式。下面以输入货币型数据为例，介绍设置数字格式的操作方法。

01 打开素材工作表，选中单元格区域，在"开始"选项卡中单击"单元格格式"对话框启动器按钮，如图 6-49 所示。

图 6-49

02 打开"单元格格式"对话框，在"分类"列表框中选择"货币"选项，设置"小数位数"和"货币符号"等选项，单击"确定"按钮，如图 6-50 所示。

03 返回工作表中，此时选中的单元格区域已经添加了货币符号，如图 6-51 所示。

图 6-50 图 6-51

6.4.7 指定数据的有效范围

在默认情况下用户可以在单元格中输入任何数据，但在实际工作中，经常需要给一些单元格或单元格区域定义有效数据范围。下面介绍指定数据的有效范围的操作方法。

01 打开素材工作表，选中单元格区域，选择"数据"选项卡，单击"有效性"按钮，在弹出的菜单中选择"有效性"命令，如图 6-52 所示。

02 打开"数据有效性"对话框，在"允许"下拉列表中选择"整数"选项，在"数据"下拉列表中选择"介于"选项，在"最大值"和"最小值"文本框中输入数值，单击"确定"按钮，如图 6-53 所示。

图 6-52 图 6-53

03 返回工作表中，选中一个已经设置了有效范围的单元格，输入有效范围以外的数字，按 Enter 键完成输入，此时弹出错误提示框，提示输入内容不符合条件，如图 6-54 所示。通过以上步骤即可完成指定数据的有效范围的操作。

图 6-54

6.5　编辑数据

表格中存在各种各样的数据，在编辑操作过程中，除了对数据进行修改，还涉及其他一些操作，例如使用记录单批量修改数据、突出显示重复项等内容。本节将详细介绍编辑数据的有关知识。

6.5.1　使用记录单批量修改数据

如果工作表的数据量巨大，那么在输入数据时需要耗费很多时间在来回切换行、列的位置上，有时还容易出现错误，用户可以利用 WPS Office 的"记录单"功能批量编辑数据。下面介绍使用记录单批量修改数据的操作方法。

01 打开素材工作表，选中 A2 ～ G22 单元格区域，选择"数据"选项卡，单击"记录单"按钮，如图 6-55 所示。

02 打开 Sheet1 对话框，在"单价"文本框中输入新数值，单击"下一条"按钮，如图 6-56 所示。

图 6-55

图 6-56

03 进入第二条记录单，继续更改"单价"数值，然后单击"关闭"按钮，如图 6-57 所示。

04 返回工作表中，可以看到牛奶和薯片的单价都已被修改，如图 6-58 所示。

图 6-57

图 6-58

6.5.2　突出显示重复项

当需要查找表格中相同的数据时，可以通过设置显示重复项来进行查找，这样既快速又方便。下面介绍突出显示重复项的操作方法。

01 打开素材工作表，选中任意单元格，选择"数据"选项卡，单击"重复项"下拉按钮，在弹出的下拉菜单中选择"设置高亮重复项"命令，如图 6-59 所示。

02 打开"高亮显示重复值"对话框，保持默认设置，单击"确定"按钮，如图 6-60 所示。

图 6-59

图 6-60

03 返回工作表中，重复数值的单元格都被橙色填充高亮显示，如图 6-61 所示。通过以上步骤即可完成突出显示重复项的操作。

图 6-61

6.6　美化表格

默认状态下制作的工作表具有相同的文字格式和对齐方式,没有边框和底纹效果。为了使制作的表格更加美观且适于交流,用户可以根据需要设置单元格格式,还可以套用 WPS Office 自带的表格样式。

6.6.1　套用表格样式

WPS Office 提供了许多预定义的表格样式,使用这些样式可实现快速美化表格效果。下面介绍套用表格样式的操作方法。

01 打开素材工作表,选中整个表格,在"开始"选项卡中单击"表格样式"下拉按钮,在打开的样式库选项中选择一种样式,如图 6-62 所示。

图 6-62

02 打开"套用表格样式"对话框,在"表数据的来源"文本框中显示了选择的表格区域,确认无误后单击"确定"按钮,如图 6-63 所示。

03 返回工作表中，即可查看套用表格样式后的效果，如图 6-64 所示。

图 6-63　　　　　　　　　　　　　图 6-64

> 💡 **提 示**
>
> 　　用户还可以自己设计表格样式，在"开始"选项卡中单击"表格样式"下拉按钮，在弹出的下拉菜单中选择"新建表格样式"命令，此时打开"新建表样式"对话框，用户可以在该对话框中设置样式的具体参数。

6.6.2　应用单元格样式

　　WPS Office 不仅能为表格设置整体样式，也可以为单元格或单元格区域应用样式。下面介绍应用单元格样式的操作方法。

01 打开素材工作表，选中 B2～D7 单元格区域，在"开始"选项卡中单击"单元格样式"下拉按钮，在弹出的下拉菜单中选择一种样式，如图 6-65 所示。

02 返回工作表中，即可查看应用的单元格样式效果，如图 6-66 所示。

图 6-65　　　　　　　　　　　　　图 6-66

6.6.3　突出显示单元格

在编辑数据表格的过程中，有时需要将某些区域中的特定数据用特定颜色突出显示，便于观看。下面介绍突出显示单元格的操作方法。

01 打开素材表格，选中单元格区域，在"开始"选项卡中单击"单元格"下拉按钮，在弹出的菜单中选择"设置单元格格式"命令，如图 6-67 所示。

图 6-67

02 打开"单元格格式"对话框，选择"图案"选项卡，在"颜色"区域选择一种颜色，单击"确定"按钮，如图 6-68 所示。

03 返回表格中，选中的单元格已经突出显示，如图 6-69 所示。

图 6-68

图 6-69

6.6.4　设置单元格边框样式

默认状态下，单元格的边框在屏幕上显示为浅灰色，但是打印出来实际为没有边框，需要用户自己设置边框样式。下面介绍设置单元格边框样式的操作方法。

01 打开素材表格，选中整个表格，在"开始"选项卡中单击"单元格"下拉按钮，在弹出的菜单中选择"设置单元格格式"命令，如图 6-70 所示。

02 打开"单元格格式"对话框，选择"边框"选项卡，在"样式"区域选择一种边框样式，在"颜色"下拉列表中选择一种颜色，在"预置"区域单击"外边框"和"内部"选项，最后单击"确定"按钮，如图 6-71 所示。

图 6-70

图 6-71

03 返回工作表中，此时表格已经添加了边框，效果如图 6-72 所示。

	A	B	C	D	E	F
1	姓名	数学	语文	英语		
2	张三	100	89	70		
3	李四	98	93	92		
4	王五	87	99	96		
5	赵六	100	100	91		
6	周琦	94	90	88		
7	黄婷	96	75	100		
8						
9						

图 6-72

6.7　进阶技巧

本节将介绍创建与编辑 WPS 表格的技巧，用户通过这些技巧可以更进一步掌握使用 WPS Office 的方法，其中包括更改默认的工作表张数、输入身份证号码、输入以"0"开头的数字、删除最近使用的工作簿记录以及快速切换工作表。

6.7.1　更改默认的工作表张数

默认情况下，在 WPS Office 中新建一个工作簿后，该工作簿中只有一张空白工作表，用户可以根据需要更改工作簿中默认的工作表张数。下面介绍更改默认的工作表张数的方法。

01 新建空白工作簿，单击"文件"按钮，选择"选项"选项，如图 6-73 所示。

02 打开"选项"对话框，选择"常规与保存"选项卡，在"新工作簿内的工作表数"微调框中设置数值，单击"确定"按钮，即可完成设置默认的工作表张数的操作，如图 6-74 所示。

图 6-73

图 6-74

6.7.2　输入身份证号码

在表格中输入身份证号码时，由于位数较多，经常会显示为科学记数形式。下面介绍输入身份证号码的操作方法。

01 新建空白工作簿，将输入法切换到英文状态，在单元格 A1 中输入单引号"'"，再输入身份证号码，如图 6-75 所示。

02 按 Enter 键即可完成输入身份证号码的操作，如图 6-76 所示。

图 6-75

图 6-76

6.7.3　输入以"0"开头的数字

在表格中输入以"0"开头的数字，系统会自动将"0"过滤掉。下面介绍输入以"0"开头的数字的操作方法。

01 新建空白工作簿，将输入法切换到英文状态，在单元格 A1 中输入单引号"'"，再输入"0001"，如图 6-77 所示。

02 按 Enter 键即可完成输入以"0"开头的数字的操作，如图 6-78 所示。

图 6-77　　　　　　　　　　　　图 6-78

6.7.4　删除最近使用的工作簿记录

WPS Office 记录最近使用过的工作簿，用户可以将这些记录信息删除。下面介绍删除最近使用工作簿记录的方法。

01 启动 WPS Office，进入"新建"窗口，程序会显示最近访问的文档，右击一条文档记录，在弹出的快捷菜单中选择"移除记录"命令，如图 6-79 所示。

02 在打开的"移除记录"对话框中单击"删除"按钮，如图 6-80 所示。

图 6-79　　　　　　　　　　　　图 6-80

03 此时记录已被删除，用户也可以单击"今天"右侧的"整组删除"按钮，可以直接将今天浏览的记录全部删除，如图 6-81 所示。

图 6-81

6.7.5 快速切换工作表

如果工作簿中包含大量工作表，在工作表窗口底部无法显示出这么多的工作表标签。下面介绍快速定位至某一特定工作表的方法。

01 打开素材工作簿，可以看到工作簿中包含 12 个工作表，单击窗口左下角工作表导航按钮区域的"后一个"按钮 〉切换到下一个工作表，如图 6-82 所示，单击"最后一个"按钮 》即可切换到最后一张工作表。

02 右击窗口左下角工作表导航按钮区域的任意位置，在弹出的工作表列表中单击准备切换到的工作表即可快速切换至该工作表，或者在"活动文档"文本框中输入工作表名称也可以进行快速切换，如图 6-83 所示。

图 6-82

图 6-83

6.8 案例演练

本节以创建人事变更表为例，对本章所学知识点进行综合运用。在人事变更表的制作中，要求设置标题艺术字效果，突出显示高于 8000 元的薪资，并对表格应用样式和主题。

01 新建空白工作簿，将其保存为"人事变更表"，如图 6-84 所示。

02 输入标题并设计标题的艺术字效果，输入人事变更表的各种数据并进行编辑，如图 6-85 所示。

图 6-84

图 6-85

03 在工作表中突出显示高于 8000 元的薪资，效果如图 6-86 所示。

04 对工作表应用样式和主题，效果如图 6-87 所示。

图 6-86

图 6-87

第 **7** 章

公式与函数计算

本章主要介绍使用公式、检查与审核公式以及函数的基本操作的知识与技巧，同时还讲解常用函数的应用，在本章最后讲解对数值进行四舍五入、工程函数简介、信息函数简介等内容。通过本章的学习，读者可以掌握使用 WPS Office 计算表格数据方面的知识。

7.1 使用公式

WPS Office 中的公式用于对工作表的数值进行计算，它可以帮助用户快速完成各种复杂的数据运算。在对数据进行计算时，应先输入公式，如果输入错误或对公式不满意，还需要对其进行编辑或修改。

7.1.1 输入和编辑公式

在表格中输入计算公式进行数据计算时，需要遵循一个特定的次序或语法：最前面是等号"="，然后是计算公式，公式中可以包含运算符、常量数值、单元格引用、单元格区域引用和函数等。下面介绍输入和编辑公式的方法。

01 打开素材工作表，选中 G3 单元格，输入"=76+95+88"，此时编辑栏中同步显示输入内容，如图 7-1 所示。

02 按 Enter 键，此时工作表将对公式进行计算，并在 G3 单元格中显示计算结果，如图 7-2 所示。

图 7-1

图 7-2

03 选中 G3 单元格，将光标定位在编辑栏中，并选中第二个参数 95，如图 7-3 所示。

04 在编辑栏中输入数据 98，替换原数据 95，如图 7-4 所示。

05 按 Enter 键查看更新后的结果，效果如图 7-5 所示。

图 7-3　　　　　　　　　　　图 7-4

图 7-5

7.1.2　使用运算符

运算符是用来对公式中的元素进行运算而规定的特殊字符。WPS Office 中包含 3 种类型的运算符：算术运算符、字符连接运算符和关系运算符。

1.算术运算符

算术运算符用来完成基本的数学运算，如加、减、乘、除等运算。算术运算符的基本含义如表 7-1 所示。

表 7-1　算术运算符

算术运算符	含义	示例
+（加号）	加法	5+8
-（减号）	减法或负号	8-5
*（星号）	乘法	5*8
/（正斜号）	除法	8/2
%（百分号）	百分比	85%
^（脱字号）	乘方	8^2

2. 字符连接运算符

字符连接运算符是一种可以将一个或多个文本连接为一个组合文本的运算符，字符连接运算符使用 "&" 连接一个或多个文本字符串，从而产生新的文本字符串。字符连接运算符的基本含义如表 7-2 所示。

表 7-2　字符连接运算符

字符连接运算符	含义	示例
&(和号)	两个文本连接起来产生一个连续的文本值	"你" & "好" 得到 "你好"

3. 关系运算符

关系运算符用于比较两个数值间的大小关系，并产生逻辑值 TRUE(真) 或 FALSE(假)。关系运算符的基本含义如表 7-3 所示。

表 7-3　关系运算符

关系运算符	含义	示例
=(等号)	等于	A=B
>(大于号)	大于	A>B
<(小于号)	小于	A<B
>=(大于或等于号)	大于或等于	A>=B
<=(小于或等于号)	小于或等于	A<=B
<>(不等号)	不等于	A<>B

7.1.3 单元格引用

单元格的引用是指单元格在工作表中坐标位置的标识。单元格的引用包括绝对引用、相对引用和混合引用 3 种。

单元格的相对引用是基于包含公式和引用的单元格的相对位置而言的。如果公式所在单元格的位置改变，引用也将随之改变。如果多行或多列地复制公式，引用会自动调整。默认情况下，新公式使用相对引用。

单元格的绝对引用则总是在指定位置引用单元格 (例如 $A$1)。如果公式所在单元格的位置改变，绝对引用的单元格也始终保持不变。如果多行或多列地复制公式，绝对引用将不作调整。

混合引用包括绝对列和相对行 (例如 $A1)，或者绝对行和相对列 (例如 A$1) 两种形式。如果公式所在单元格的位置改变，则相对引用改变，而绝对引用不变。如果多行或多列地复制公式，相对引用自动调整，而绝对引用不作调整。

提示

如果要引用同一工作表中的单元格，表达方式为"工作表名称！单元格地址"；如果要引用同一工作簿多张工作表中的单元格或单元格区域，表达方式为"工作表名称：工作表名称！单元格地址"；除了可以引用同一工作簿中工作表的单元格外，还可以引用其他工作簿中的单元格。

7.2　检查与审核公式

公式作为电子表格中数据处理的核心方法，在使用过程中出错的概率非常大，为了有效地避免输入的公式出错，需要对公式进行调试，使公式能够按照预想的方式计算出结果。调试公式的操作包括检查公式和审核公式。

7.2.1　检查公式

在 WPS Office 中，要查询公式错误的原因可以通过"错误检查"功能实现，该功能根据设定的规则对输入的公式自动进行检查。

01 打开素材工作表，选中 G3 单元格，选择"公式"选项卡，单击"错误检查"按钮，如图 7-6 所示。

图 7-6

02 打开"WPS 表格"对话框，提示完成了整个工作表的错误检查，此处没有检查出公式错误，单击"确定"按钮即可，如图 7-7 所示。

图 7-7

> **提示**
>
> 如果检测到公式错误，会打开"错误检查"对话框，显示公式错误位置及错误原因，单击"在编辑栏中编辑"按钮，返回到工作表，在编辑栏中输入正确的公式，然后单击对话框中的"下一个"按钮，系统会自动检查表格中的下一个错误。

7.2.2 审核公式

在公式中引用单元格进行计算时，为了降低使用公式时发生错误的概率，可以利用 WPS Office 提供的公式审核功能对公式的正确性进行审核。下面介绍审核公式的方法。

01 打开素材工作表，选中 G3 单元格，选择"公式"选项卡，单击"追踪引用单元格"按钮，如图 7-8 所示。

02 此时工作表会自动追踪 G3 单元格中所显示值的数据来源，并用蓝色箭头将相关单元格标注出来，如图 7-9 所示。

图 7-8

图 7-9

03 选中 G6 单元格，单击"追踪从属单元格"按钮，如图 7-10 所示。

04 此时单元格中将显示蓝色箭头，即可完成追踪从属单元格的操作，如图 7-11 所示。

图 7-10

图 7-11

7.3　函数的基本操作

在 WPS Office 中，将一组特定功能的公式组合在一起，就形成了函数。利用公式可以计算一些简单的数据，而利用函数则可以很容易地完成各种复杂数据的处理工作，并简化公式的使用。本节将介绍函数基本操作的相关知识。

7.3.1　函数的结构和类型

在 WPS Office 中，调用函数时需要遵守函数所制定的语法结构，否则将会产生语法错误。函数的语法结构由等号、函数名称、括号、参数和逗号组成，下面分别进行介绍。

- ▶ 等号：函数一般以公式的形式出现，必须在函数名称前面输入等号 "="。
- ▶ 函数名称：用来标识调用功能函数的名称。
- ▶ 参数：参数可以是数字、文本、逻辑值和单元格引用，也可以是公式或其他函数。
- ▶ 括号：用来输入函数参数，各参数之间需用逗号隔开。
- ▶ 逗号：各参数之间用来表示间隔的符号，必须是半角状态下输入的逗号。

WPS Office 为用户提供了 6 种常用的函数类型，包括财务函数、逻辑函数、查找与引用函数、文本函数、日期和时间函数、数学和三角函数，在 "公式" 选项卡中可查看函数类型，如表 7-4 所示。

表 7-4　常用的函数类型

函数类型	功能
财务函数	对财务进行分析和计算
逻辑函数	用于进行数据逻辑方面的运算
查找与引用函数	用于查找数据或单元格引用
文本函数	用于处理公式中的字符、文本或对数据进行计算与分析
日期和时间函数	用于分析和处理时间和日期值
数学和三角函数	用于进行数学计算

7.3.2　输入函数

SUM 函数是常用的求和函数，用来返回某一单元格区域中数字或逻辑值之和。下面以输入 SUM 函数为例，介绍输入函数的方法。

01 打开素材工作表，选中 I3 单元格，输入公式 "=SUM(D3:H3)"，如图 7-12 所示。

02 按 Enter 键显示结果，选中 I3 单元格，将鼠标指针移至单元格右下角，指针变为黑色十字形状后，拖动鼠标指针向下填充，将公式填充到单元格 I12，如图 7-13 所示。

图 7-12

图 7-13

7.3.3 嵌套函数

一个函数表达式中可以包括一个或多个函数，函数与函数之间层层相套，括号内的函数作为括号外函数的一个参数，这样的函数即是嵌套函数。例如，要根据员工各科的平均分统计"等级"情况，其中平均分 80 以上 (含 80) 为"优"，其余评为"良"，下面详细介绍操作方法。

01 打开素材工作表，选中 K3 单元格，输入"=IF(AVERAGE(D3:H3)>=80," 优 "," 良 ")"，如图 7-14 所示。

02 按 Enter 键显示结果，选中 K3 单元格，将鼠标指针移至单元格右下角，指针变为黑色十字形状后，拖动鼠标指针向下填充，将公式填充到单元格 K12，如图 7-15 所示。

图 7-14

图 7-15

7.4 常用的函数应用

本节以制作员工工资明细表为例，介绍 WPS Office 中常用函数应用的知识，包括使用文本函数提取信息、使用日期和时间函数计算工龄、使用逻辑函数计算业绩提成奖金、使用统计函数计算最高销售额及使用查找与引用函数计算个人所得税等内容。

7.4.1 使用文本函数提取员工信息

员工信息是工资表中不可缺少的一项信息，逐个输入不仅浪费时间且容易出现错误，使用文本函数可以很好地处理这种字符串类型的数据。下面介绍使用文本函数提取员工信息的操作方法。

01 打开素材工作表，选中 B3 单元格，输入"=TEXT(员工基本信息 !A3,0)"，如图 7-16 所示。

02 按 Enter 键显示结果，可看到从"员工基本信息"工作表中提取到的员工编号信息。选中 B3 单元格，将鼠标指针移至单元格右下角，指针变为黑色十字形状后，拖动鼠标指针向下填充，将公式填充到单元格 B12，员工编号填充完成，如图 7-17 所示。

图 7-16 图 7-17

03 选中 C3 单元格，输入"=TEXT(员工基本信息 !B3,0)"，如图 7-18 所示。

04 按 Enter 键显示结果，可看到从"员工基本信息"工作表中提取到的员工姓名信息。选中 C3 单元格，将鼠标指针移至单元格右下角，指针变为黑色十字形状后，拖动鼠标指针向下填充，将公式填充到单元格 C12，员工姓名填充完成，如图 7-19 所示。

图 7-18　　　　　　　　　　　　　　　图 7-19

7.4.2　使用日期和时间函数计算工龄

　　员工的工龄是计算员工工龄工资的依据，下面介绍使用日期和时间函数 DATEDIF 计算员工工龄的操作方法。DATEDIF 函数返回两个日期之间的年、月、日间隔数，基本语法为 DATEDIF(开始日期，结束日期，单位代码)。其中，单位代码为 "y" 时，计算结果是两个日期间隔的年数；单位代码为 "m" 或 "d" 时，计算结果是两个日期间隔的月份数或天数。

01▶ 打开素材工作表，选中 D3 单元格，输入 "=DATEDIF(员工基本信息 ! C3,TODAY(), "y")"，计算方法是使用当日日期减去入职日期，如图 7-20 所示。

02▶ 按 Enter 键显示结果，选中 D3 单元格，将鼠标指针移至单元格右下角，指针变为黑色十字形状后，拖动鼠标指针向下填充，将公式填充到单元格 D12，工龄填充完成，如图 7-21 所示。

图 7-20　　　　　　　　　　　　　　　图 7-21

03 选中 E3 单元格，输入公式"=D3*100"，如图 7-22 所示。

04 按 Enter 键显示结果，选中 E3 单元格，将鼠标指针移至单元格右下角，指针变为黑色十字形状后，拖动鼠标指针向下填充，将公式填充到单元格 E12，员工工龄工资填充完成，如图 7-23 所示。

图 7-22	图 7-23

7.4.3 使用逻辑函数计算业绩提成奖金

企业根据员工的业绩划分为几个等级，每个等级的业绩提成奖金不同。逻辑函数可以用来进行复核检验，因此很适合计算这种类型的数据。下面介绍使用逻辑函数计算业绩提成奖金的操作方法。

01 打开素材工作簿，切换至"销售奖金表"工作表，选中 D3 单元格，输入"=HLOOKUP(C3, 业绩奖金标准 !$B$2:$F$3,2)"，如图 7-24 所示。

图 7-24

02 按 Enter 键显示结果，选中 D3 单元格，将鼠标指针移至单元格右下角，指针变为黑色十字形状后，拖动鼠标指针向下填充，将公式填充到单元格 D12，奖金比例填充完成，如图 7-25 所示。

03 选中 E3 单元格，输入公式"=IF(C3<50000,C3*D3,C3*D3+500)"，如图 7-26 所示。

图 7-25

图 7-26

04 按 Enter 键显示结果，选中 E3 单元格，将鼠标指针移至单元格右下角，指针变为黑色十字形状后，拖动鼠标指针向下填充，将公式填充到单元格 E12，员工奖金填充完成，如图 7-27 所示。

	A	B	C	D	E	F
	E3		f_x	=IF(C3<50000,C3*D3,C3*D3+500)		
1	销售业绩表					
2	员工编号	员工姓名	销售额	奖金比例	奖金	
3	101001	张XX	48000	0.1	4800	
4	101002	王XX	38000	0.07	2660	
5	101003	李XX	52000	0.15	8300	
6	101004	赵XX	45000	0.1	4500	
7	101005	钱XX	45000	0.1	4500	
8	101006	孙XX	62000	0.15	9800	
9	101007	李XX	30000	0.07	2100	
10	101008	胡XX	34000	0.07	2380	
11	101009	马XX	24000	0.03	720	
12	101010	刘XX	8000	0	0	
13						

图 7-27

7.4.4　使用统计函数计算最高销售额

公司会对业绩突出的员工进行表彰，因此需要在众多销售数据中找出最高的销售额和对应的员工。统计函数作为专门统计分析的函数，可以快捷地在工作表中找到相应数据。下面介绍使用统计函数计算最高销售额的操作方法。

01 打开素材工作簿，切换至"销售奖金表"工作表，选中 G3 单元格，单击编辑栏左侧的"插入函数"按钮，如图 7-28 所示。

02 打开"插入函数"对话框，在"选择函数"列表框中选中 MAX 函数，单击"确定"按钮，如图 7-29 所示。

图 7-28　　　　　　　　　　　　　　　　　图 7-29

03 打开"函数参数"对话框，在"数值 1"文本框中输入"C3:C12"，单击"确定"
按钮，如图 7-30 所示。

04 返回工作表中，G3 单元格显示计算结果，如图 7-31 所示。

图 7-30　　　　　　　　　　　　　　　　　图 7-31

05 选中 H3 单元格，输入公式"=INDEX(B3:B12,MATCH(G3,C3:C12,))"，如图 7-32
所示。

06 按 Enter 键显示结果，如图 7-33 所示。

图 7-32   图 7-33

7.4.5 使用查找与引用函数计算个人所得税

我国根据个人收入的不同以阶梯形式的方式征收个人所得税，因此直接计算起来比较复杂，这类问题可以使用查找与引用函数来解决。下面介绍使用查找与引用函数计算个人所得税的操作方法。

01 打开素材工作簿，切换至"工资表"工作表，选中 F3 单元格，输入"= 员工基本信息 !D3- 员工基本信息 !E3+ 工资表 !E3+ 销售奖金表 !E3"，如图 7-34 所示。

02 按 Enter 键显示结果，选中 F3 单元格，将鼠标指针移至单元格右下角，指针变为黑色十字形状后，拖动鼠标指针向下填充，将公式填充到单元格 F12，员工应发工资填充完成，如图 7-35 所示。

图 7-34   图 7-35

03 选中 G3 单元格，输入"=IF(F3< 税率表 !E$2,0,LOOKUP(工资表 !F3- 税率表 !E$2, 税率表 !C$4:C$10,(工资表 !F3- 税率表 !E$2)* 税率表 !D$4:D$10- 税率表 !E$4:E$10))"，

如图 7-36 所示。

04 按 Enter 键显示结果，选中 G3 单元格，将鼠标指针移至单元格右下角，指针变为黑色十字形状后，拖动鼠标指针向下填充，将公式填充到单元格 G12，员工个人所得税填充完成，如图 7-37 所示。

图 7-36　　　　　　　　　　　　　图 7-37

7.4.6　计算个人实发工资

员工工资明细表最重要的一项就是员工的实发工资，下面介绍计算个人实发工资的操作方法。

01 打开素材工作表，选中 H3 单元格，输入"=F3-G3"，如图 7-38 所示。

02 按 Enter 键显示结果，选中 H3 单元格，将鼠标指针移至单元格右下角，指针变为黑色十字形状后，拖动鼠标指针向下填充，将公式填充到单元格 H12，员工实发工资填充完成，如图 7-39 所示。

图 7-38　　　　　　　　　　　　　图 7-39

7.5 进阶技巧

本节将介绍一些计算表格数据的技巧，用户通过这些技巧可以更进一步掌握使用 WPS Office 函数的方法，其中包括认识使用公式的常见错误、对数值进行四舍五入、工程函数简介、信息函数简介，以及查看公式求值的方法。

7.5.1 认识使用公式的常见错误值

在进行以下操作时，单元格会显示错误值：在单元格中输入错误的公式，如在需要输入数字的公式中输入文本；删除公式引用的单元格；使用了宽度不足以显示结果的单元格等。下面介绍产生这些错误值的原因及其解决方法。

1. 错误值

如果单元格中所含的数字、日期或时间超过单元格宽度或者单元格的日期或时间产生了一个负值，就会出现 ### 错误。解决方法是增加单元格列宽、应用不同的数字格式、保证日期与时间公式的正确性。

2. 错误值 #VALUE!

当使用的参数或操作数类型错误，或者当公式的自动更正功能不能更正公式，如公式需要数字或逻辑值时，却输入了文本，都将产生 #VALUE！错误。解决的方法是确认公式或函数所需的运算符或参数是否正确，公式引用的单元格中是否包含有效的数值。如单元格 Al 包含一个数字，单元格 B1 包含文本单位，则公式"=A1+B1"将产生 #VALUE！错误。

3. 错误值 #N/A

当在公式中没有可用数值时，将产生错误值 #N/A。如果工作表中某些单元格没有数值，可以在单元格中输入 #N/A，公式在引用这些单元格时，将不进行数值计算，而是返回 #N/A。

4. 错误值 #REF!

当单元格引用无效时将产生错误值 #REF！，产生的原因是删除了其他公式所引用的单元格，或将已移动的单元格粘贴到其他公式所引用的单元格中。解决的方法是更改公式，在删除或粘贴单元格之后恢复工作表中的单元格。

5. 错误值 #NUM!

常用公式或函数中使用无效数字值时，会出现这种错误。产生的原因是在需要数字参数的函数中使用了无法接收的参数，解决的方法是确保函数中使用的参数是数字。例如，即使需要输入的值是 $5,000，也应该在公式中输入 5000。

7.5.2　对数值进行四舍五入

表格中的数据常包含多位小数,这样不仅不便于数据的浏览,还会影响表格的美观。下面介绍对数据进行四舍五入的方法。

01 打开素材工作表,选中 F3 ～ F8 单元格区域,在"开始"选项卡中单击"单元格格式"对话框启动器按钮,如图 7-40 所示。

02 打开"单元格格式"对话框,在"数字"选项卡的"分类"列表框中选择"数值"选项,设置"小数位数"为 2,单击"确定"按钮,如图 7-41 所示。

图 7-40

图 7-41

03 此时选中的单元格区域数值已经以小数点后两位显示,如图 7-42 所示。

图 7-42

7.5.3　工程函数简介

工程函数可以解决一些数学问题。如果能够合理正确地使用工程函数,可以极大地简化程序。

常用的工程函数有 DEC2BIN 函数 (将十进制转换为二进制)、BIN2DEC 函数 (将二进制转换为十进制) 和 IMSUM 函数 (两个或多个复数的和)。

7.5.4　信息函数简介

信息函数是用来获取单元格内容信息的函数。信息函数可以在满足条件时返回逻辑值，从而获取单元格的信息。信息函数还可以确定存储在单元格中内容的格式、位置、错误信息等类型。

常用的信息函数有 CELL 函数 (引用区域的左上角单元格样式、位置或内容等信息) 和 TYPE 函数 (检测数据的类型)。

7.5.5　查看公式求值

WPS Office 提供了"公式求值"功能，可以帮助用户查看复杂公式，了解公式的计算顺序和每一步的计算结果。下面介绍查看公式求值的方法。

01 打开素材工作表，选中 G3 单元格，选择"公式"选项卡，单击"公式求值"按钮，如图 7-43 所示。

图 7-43

02 打开"公式求值"对话框，在"求值"文本框中显示当前单元格中的公式，公式下画线表示当前的引用，单击"求值"按钮，如图 7-44 所示。

图 7-44

03 此时即可验证当前引用的值，此值以斜体字显示，查看完毕单击"关闭"按钮即可，如图 7-45 所示。

第7章 公式与函数计算

图 7-45

7.6 案例演练

本节以产品销售表为例，对本章所学知识点进行综合运用。本节主要内容包括计算产品销售额、对公式进行错误检查及查看追踪引用的从属单元格等。

01 打开素材工作表，选中 F2 单元格，输入公式"=D2*E2"，如图 7-46 所示。

02 按 Enter 键显示结果，选中 F2 单元格，将鼠标指针移至单元格右下角，指针变为黑色十字形状后，拖动鼠标指针向下填充，将公式填充到单元格 F32，如图 7-47 所示。

图 7-46

图 7-47

03 选中 F2～F32 单元格区域，设置单元格格式为"自定义"选项，选择一种格式类型，使其添加货币符号和千分号，如图 7-48 所示。

04 选中 F2 单元格，在"公式"选项卡中单击"错误检查"按钮，弹出提示对话框，表明对公式已经做了检查且没发现错误，单击"确定"按钮，如图 7-49 所示。

163

图 7-48

图 7-49

05 选中 F2 单元格，在"公式"选项卡中单击"追踪引用单元格"按钮，查看其引用的单元格，如图 7-50 所示。

图 7-50

第**8**章

管理表格数据

本章主要介绍数据排序、数据筛选和数据分类汇总的知识与技巧，同时还讲解如何设置条件格式，在本章的最后讲解通过筛选删除空白行、将相同项合并单元格、分列显示数据等操作方法。通过本章的学习，读者可以掌握使用 WPS Office 管理表格数据方面的知识。

8.1 数据排序

为了方便查看表格中的数据，用户可以按照一定的顺序对工作表中的数据进行重新排序。数据排序可以使工作表中的数据按照规定的顺序排列，从而使工作表条理清晰。数据排序方法主要包括简单排序、多重排序和自定义排序。

8.1.1 简单排序

简单排序是根据数据表中的相关数据或字段名，将表格数据按照升序（从低到高）或降序（从高到低）的方式进行排列，它是处理数据时最常用的排序方式。下面介绍进行简单排序的方法。

01 打开素材工作表，选中 F1 单元格，选择"数据"选项卡，单击"排序"下拉按钮，在弹出的下拉菜单中选择"自定义排序"命令，如图 8-1 所示。

02 打开"排序"对话框，设置"主要关键字"为"销售额"选项，"排序依据"为"数值"选项，"次序"为"降序"选项，单击"确定"按钮，如图 8-2 所示。

图 8-1

图 8-2

03 返回工作表，此时表格中的"销售额"列数据已经按照从高到低进行降序排序，如图 8-3 所示。

💡 **提示**

用户还可以选中"销售额"列任意单元格，在"数据"选项卡中直接单击"排序"下拉按钮，从弹出的下拉菜单中选择"降序"命令，对"销售额"列数据进行快速降序排序。

图 8-3

8.1.2 多重排序

在对数据表中的某一字段进行排序时，出现一些记录含有相同数据而无法正确排序的情况，此时就需要另设其他条件来对含有相同数据的记录进行排序。下面介绍进行多重排序的方法。

01 打开素材工作表，选中数据区域中的任意单元格，选择"数据"选项卡，单击"排序"下拉按钮，在弹出的下拉菜单中选择"自定义排序"命令，如图 8-4 所示。

02 打开"排序"对话框，设置"主要关键字"为"销售区域"选项，"排序依据"为"数值"选项，"次序"为"升序"选项，单击"添加条件"按钮，如图 8-5 所示。

图 8-4

图 8-5

03 此时添加一组新的排序条件，设置"次要关键字"为"销售额"选项，"排序依据"为"数值"选项，"次序"为"降序"选项，单击"确定"按钮，如图 8-6 所示。

04 返回工作表，数据在根据"销售区域"进行升序排序的基础上，按照"销售额"

进行了降序排序，如图 8-7 所示。

图 8-6　　　　　　　　　　　图 8-7

8.1.3　自定义排序

WPS Office 允许用户根据需要设置特定的排序条件，对数据表中的某一字段进行排序。下面介绍进行自定义排序的方法。

01 打开素材工作表，选中数据区域中的任意单元格，选择"数据"选项卡，单击"排序"下拉按钮，在弹出的下拉菜单中选择"自定义排序"命令，如图 8-8 所示。

02 打开"排序"对话框，在"主要关键字"的"次序"下拉列表中选择"自定义序列"选项，如图 8-9 所示。

图 8-8

图 8-9

03 打开"自定义序列"对话框，在"自定义序列"列表框中选择"新序列"选项，在"输入序列"文本框中输入"北京分部,上海分部,天津分部,广州分部"，中间用英文半角状态下的逗号隔开，单击"添加"按钮，如图 8-10 所示。

04 此时新定义的序列就添加到了"自定义序列"列表框中，选中新定义的序列，单击"确定"按钮，如图 8-11 所示。

图 8-10

图 8-11

05 返回"排序"对话框，单击"确定"按钮，如图 8-12 所示。

06 返回工作表中，数据按照自定义序列进行了排序，如图 8-13 所示。

图 8-12

图 8-13

8.2　数据筛选

如果要在成百上千条数据记录中查询需要的数据，则需要使用 WPS Office 的筛选功能，可帮助用户轻松地筛选出符合条件的数据。筛选功能主要有"自动筛选"和"自定义筛选"两种。本节将详细介绍数据筛选的知识。

8.2.1　自动筛选

自动筛选是一个易于操作且经常使用的功能。自动筛选通常是按照简单的条件进行筛选，筛选时将不满足条件的数据暂时隐藏起来，只显示符合条件的数据。

01 打开素材工作表，选中数据区域的任意单元格，选择"数据"选项卡，单击"筛选"按钮，如图 8-14 所示。

02 所有列标题单元格的右侧自动显示"筛选"按钮，单击"国家 / 地区"单元格右侧的"筛选"按钮，在弹出的下拉列表中勾选"东南亚"复选框，单击"确定"按钮，如图 8-15 所示。

图 8-14　　　　　　　　　　　　　图 8-15

03 此时工作表中只显示东南亚的订单记录，如图 8-16 所示。

	A	B	C	D	E	F	G
1	销售日期	合同编号	国家/地区	销售人员	销售金额		
15	2021/4/7	1023173	东南亚	吴小莉	¥458.74		
27	2021/4/10	1023215	东南亚	许文康	¥4,895.44		
29	2021/4/10	1023221	东南亚	刘亚东	¥1,197.95		
36	2021/4/13	1023237	东南亚	吴小莉	¥491.50		
49	2021/4/20	1023238	东南亚	吴小莉	¥6,750.00		
57	2021/4/23	1023200	东南亚	吴小莉	¥1,303.19		
59	2021/4/23	1023252	东南亚	许文康	¥3,232.80		
60	2021/4/24	1023192	东南亚	吴小莉	¥224.00		
62	2021/4/24	1023244	东南亚	刘亚东	¥270.00		
63	2021/4/24	1023218	东南亚	刘亚东	¥2,393.50		
67	2021/4/27	1023249	东南亚	许文康	¥12,615.05		
69	2021/4/27	1023256	东南亚	许文康	¥60.00		
72	2021/4/29	1023260	东南亚	赵伟	¥210.00		
75	2021/4/30	1023264	东南亚	许文康	¥525.00		
76							
77							

图 8-16

8.2.2 自定义筛选

与数据排序类似，如果自动筛选方式不能满足需要，此时用户可自定义筛选条件。
下面介绍自定义筛选的方法。

01 打开素材工作表，选中数据区域的任意单元格，选择"数据"选项卡，单击"筛选"
按钮，如图8-17所示。

02 所有列标题单元格的右侧自动显示"筛选"按钮，单击"销售金额"单元格右侧的"筛
选"按钮，在打开的下拉列表中选择"数字筛选"选项，选择"自定义筛选"子选项，
如图8-18所示。

图 8-17

图 8-18

03 打开"自定义自动筛选方式"对话框，将筛选条件设置为"销售金额大于或等于
2000 与小于或等于 6000"，单击"确定"按钮，如图8-19所示。

04 此时销售金额在 2000 ～ 6000 元的销售明细就筛选出来了，如图8-20所示。

图 8-19

图 8-20

> 💡 **提示**
>
> 在"自定义自动筛选方式"对话框左侧的下拉列表中只能执行选择操作，而右侧的下拉列表可直接输入数据。在输入筛选条件时，可使用通配符代替字符或字符串，如用"?"代表任意单个字符，用"*"代表任意多个字符。

8.3 数据分类汇总

利用 WPS Office 提供的分类汇总功能，用户可以将表格中的数据进行分类，然后把性质相同的数据汇总到一起，使其结构更清晰，便于查找数据信息。本节主要介绍创建单项分类汇总与嵌套分类汇总的知识。

8.3.1 单项分类汇总

在进行分类汇总前，首先需要对数据进行排序。下面介绍创建单项分类汇总的方法。

01 打开素材工作表，选中 C1 单元格，选择"数据"选项卡，单击"排序"下拉按钮，在弹出的下拉菜单中选择"升序"命令，如图 8-21 所示。

02 此时表格数据会根据"所属部门"的拼音首字母进行升序排序，如图 8-22 所示。

图 8-21

图 8-22

03 在"数据"选项卡中单击"分类汇总"按钮，如图 8-23 所示。

04 打开"分类汇总"对话框，设置"分类字段"为"所属部门"选项、"汇总方式"为"求和"选项、"选定汇总项"为"金额"复选框，单击"确定"按钮，如图 8-24 所示。

图 8-23   图 8-24

05 此时表格按照"所属部门"对费用金额进行汇总，如图 8-25 所示。

06 单击汇总区域左上角的数字按钮"2"，此时即可查看第 2 级汇总结果，如图 8-26 所示。

图 8-25

图 8-26

💡 **提示**

在 2 级汇总数据中，单击任意一个"+"按钮，即可展开下一级数据。单击汇总区域左上角的数字按钮，即可查看第 1、2、3 级汇总结果。

8.3.2 嵌套分类汇总

除了进行单项分类汇总外，用户还可以对数据进行嵌套分类汇总。下面介绍创建嵌套分类汇总的操作方法。

01 打开素材工作表，选中 C1 单元格，选择"数据"选项卡，单击"分类汇总"按钮，如图 8-27 所示。

图 8-27

02 打开"分类汇总"对话框，设置"分类字段"为"所属部门"选项、"汇总方式"为"平均值"选项、"选定汇总项"为"金额"复选框，取消勾选"替换当前分类汇总"复选框，单击"确定"按钮，如图 8-28 所示。

03 此时即可生成 4 级嵌套分类汇总，如图 8-29 所示。

图 8-28

图 8-29

8.4　设置条件格式

条件格式功能用于将数据表中满足指定条件的数据以特定格式显示出来。在 WPS Office 中使用条件格式，可以在工作表中突出显示所关注的单元格或单元格区域，强调异常值，而使用数据条、色阶和图标集等可以更直观地显示数据。

8.4.1　添加数据条

数据条可用于查看某个单元格相对于其他单元格的值。数据条的长度代表单元格中的值，数据条越长，表示值越高。数据条越短，表示值越低。下面介绍添加数据条的方法。

01 打开素材工作表，选中 E2～E29 单元格区域，在"开始"选项卡中单击"条件格式"下拉按钮，在弹出的下拉菜单中选择"数据条"命令，选择一种数据条样式，如图 8-30 所示。

02 此时选中的单元格区域已经添加了数据条，如图 8-31 所示。

图 8-30　　　　　　　　　　　图 8-31

8.4.2　添加色阶

使用色阶样式主要通过颜色对比直观地显示数据，并帮助用户了解数据分布和变化。下面介绍添加色阶的方法。

01 打开素材工作表，选中 F2～F29 单元格区域，在"开始"选项卡中单击"条件格式"下拉按钮，在弹出的下拉菜单中选择"色阶"命令，选择一种色阶样式，如图 8-32 所示。

02 此时选中的单元格区域已经添加了色阶，如图 8-33 所示。

图 8-32　　　　　　　　　　　　　图 8-33

8.4.3　添加图标集

使用图标集可以对数据进行注释，并可以按大小将数值分为 3 ～ 5 个类别，每个图标集代表一个数值范围。下面介绍添加图标集的方法。

01 打开素材工作表，选中 F2 ～ F29 单元格区域，在"开始"选项卡中单击"条件格式"下拉按钮，在弹出的下拉菜单中选择"图标集"命令，选择一种图标集样式，如图 8-34 所示。

02 此时选中的单元格区域已经添加了图标集，如图 8-35 所示。

图 8-34

图 8-35

8.5　进阶技巧

本节将介绍一些管理表格数据的技巧，用户通过这些技巧可以更进一步掌握使用 WPS Office 管理数据的方法，其中包括设置表中序号不参与排序、通过筛选删除空白行、筛选多个表格的重复值、将相同项合并单元格，以及分列显示数据的方法。

8.5.1　设置表中序号不参与排序

在对数据进行排序的过程中，某些情况下并不需要对序号进行排序，这种情况可以使用下面的方法。

01 打开素材工作表，选中 B2 ～ C13 单元格区域，选择"数据"选项卡，单击"排序"下拉按钮，在弹出的下拉菜单中选择"自定义排序"命令，如图 8-36 所示。

02 打开"排序"对话框，设置"主要关键字"为"列 C"选项，"排序依据"为"数值"选项，"次序"为"降序"选项，单击"确定"按钮，如图 8-37 所示。

图 8-36

图 8-37

03 返回工作表中，即可看到名单以成绩为依据从高到低进行排序，而序号不参与排序，如图 8-38 所示。

图 8-38

8.5.2 通过筛选删除空白行

对于不连续的多个空白行，用户可以使用筛选中的快速删除功能将其删除。下面详细介绍通过筛选删除空白行的方法。

01 打开素材工作表，选中 A1～A10 单元格区域，选择"数据"选项卡，单击"筛选"按钮，如图 8-39 所示。

02 此时 A1 单元格右下角出现下拉按钮，单击该下拉按钮，在弹出的下拉列表中勾选"空白"复选框，单击"确定"按钮，如图 8-40 所示。

图 8-39

图 8-40

03 将 A1～A10 单元格区域内筛选出的空白行选中，如图 8-41 所示。

04 右击选中的空白行区域，在弹出的快捷菜单中选择"删除"|"整行"命令，如图 8-42 所示。

图 8-41

图 8-42

05 此时可以看到空白行已经被删除，再次单击"数据"选项卡中的"筛选"按钮退出筛选状态，如图 8-43 所示。

06 表格中显示的数据为已删除空白行的数据，如图 8-44 所示。

图 8-43　　　　　　　　　　　　　　　　　图 8-44

8.5.3　筛选多个表格的重复值

使用下面的方法可以快速在多个工作表中查找重复值，节省处理数据的时间。

01 打开素材工作表，选择"数据"选项卡，单击"筛选"下拉按钮，在弹出的下拉菜单中选择"高级筛选"命令，如图 8-45 所示。

02 打开"高级筛选"对话框，选中"将筛选结果复制到其他位置"单选按钮，设置"列表区域""条件区域"和"复制到"选项的单元格区域，选中"选择不重复的记录"复选框，单击"确定"按钮，如图 8-46 所示。

图 8-45

图 8-46

03 此时即可将两个工作表中的重复数据复制到指定区域，如图 8-47 所示。

图 8-47

8.5.4 将相同项合并单元格

在制作工作表时，将相同的单元格进行合并可以使工作表更加简洁明了。

01 打开素材工作表，选中 A1 ～ A12 单元格区域，选择"数据"选项卡，单击"排序"下拉按钮，在弹出的下拉菜单中选择"升序"命令，如图 8-48 所示。

02 打开"排序警告"对话框，选中"扩展选定区域"单选按钮，单击"排序"按钮，如图 8-49 所示。

图 8-48

图 8-49

03 此时即可对数据进行以 A 列为依据的升序排列，A 列相同名称的单元格将会连续显示，选中 A1 ～ A12 单元格区域，单击"分类汇总"按钮，如图 8-50 所示。

04 打开"分类汇总"对话框，"分类字段"选择"肉类"，"汇总方式"选择"计数"，在"选定汇总项"列表框中勾选"肉类"复选框，单击"确定"按钮，如图 8-51 所示。

图 8-50　　　　　　　　　　　　　　　　图 8-51

05 此时即可对 A 列进行分类汇总，选择"开始"选项卡，单击"查找"下拉按钮，在弹出的下拉菜单中选择"定位"命令，如图 8-52 所示。

图 8-52

06 打开"定位"对话框，选中"空值"单选按钮，单击"定位"按钮，如图 8-53 所示。

图 8-53

07 此时选中了 A 列所有空值，单击"合并居中"按钮，如图 8-54 所示。

08 通过以上步骤完成对定位的单元格进行合并居中的操作，如图 8-55 所示。

图 8-54

图 8-55

8.5.5 分列显示数据

在一些特殊情况下，需要使用分列功能快速将一列中的数据分列显示，如将日期的月与日分列显示。下面介绍分列显示的操作方法。

01 打开素材工作表，选中 A1～A9 单元格区域，选择"数据"选项卡，单击"分列"按钮，如图 8-56 所示。

图 8-56

02 弹出"文本分列向导 -3 步骤之 1"对话框，选中"固定宽度"单选按钮，单击"下一步"按钮，如图 8-57 所示。

图 8-57

03 进入"文本分列向导 -3 步骤之 2"对话框，在"数据预览"区域建立分列线，单击"下一步"按钮，如图 8-58 所示。

04 进入"文本分列向导-3步骤之3"对话框，保持默认设置，单击"完成"按钮，如图 8-59 所示。

图 8-58   图 8-59

05 返回工作表中，可以看到数据由 1 列变为 3 列显示，如图 8-60 所示。

	A	B	C	D	E	F
1	2021	7	23			
2	2021	7	24			
3	2021	7	25			
4	2021	7	26			
5	2021	7	27			
6	2021	7	28			
7	2021	7	29			
8	2021	7	30			
9	2021	7	31			
10						

图 8-60

8.6　案例演练

商品销售数据记录着一个阶段内各个种类的商品销售情况，通过对商品销售数据的分析可以找出在销售过程中存在的问题。本节以分析与汇总商品销售数据表为例，对本章所学知识点进行综合运用。

01 打开素材工作表，设置商品编号的数据有效性，完成编号的输入，如图 8-61 所示。

02 选中 F3 单元格，输入公式"=D3*E3"，如图 8-62 所示。

图 8-61

图 8-62

03 按 Enter 键显示计算结果，选中 F3 单元格，将鼠标指针移至单元格右下角，鼠标指针变为黑色十字形状后，拖动鼠标指针向下填充，将公式填充到单元格 F22，如图 8-63 所示。

04 根据需要按照主要关键字为销售金额、次要关键字为销售数量等对表格中的数据进行升序排序，如图 8-64 所示。

图 8-63

图 8-64

05 筛选出张××销售员卖出的所有产品，效果如图 8-65 所示。

06 根据需要对商品进行分类汇总，效果如图 8-66 所示。

图 8-65

图 8-66

第 *9* 章

分析表格数据

本章主要介绍创建与编辑图表、美化与修饰图表，以及创建与使用数据透视表的知识与技巧，同时还讲解如何创建与设置数据透视图，在本章的最后讲解在图表中添加图片、应用数据透视图样式、插入和使用切片器、设置切片器和给图表添加趋势线的方法。通过本章的学习，读者可掌握使用 WPS Office 分析表格数据方面的知识。

9.1 创建与编辑图表

在 WPS Office 中，图表不仅能够增强视觉效果、起到美化表格的作用，还能更直观、形象地显示出表格中各个数据之间的复杂关系，易于理解和交流。用图表展示数据、表达观点，已经成为现代职场的一种普遍现象。

9.1.1 插入图表

在 WPS Office 中创建图表的方法非常简单，系统自带了很多图表类型，如柱形图、条形图、折线图等，用户只需根据需要进行选择即可。

01 打开素材工作表，选中 A2 ～ A8 和 D2 ～ D8 单元格区域，选择"插入"选项卡，单击"插入柱形图"下拉按钮，在弹出的图库中选择"簇状柱形图"选项，如图 9-1 所示。

02 此时已经新建了一个簇状柱形图，将图表标题修改为"产品销售统计图"，如图 9-2 所示。

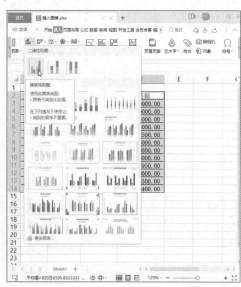

图 9-1   图 9-2

9.1.2 调整图表的位置和大小

在表格中创建图表后，可以根据需要移动图表位置并修改图表的大小。下面介绍调整图表的位置和大小的方法。

01 打开素材工作表，选中图表，将鼠标指针移至图表上，指针变为十字箭头形状，如图 9-3 所示。

02 根据需要拖动鼠标指针即可移动图表，如图 9-4 所示。

图 9-3   图 9-4

03 选中图表，将鼠标指针移至图表右下角的控制柄上，指针变为双箭头形状，如图 9-5 所示。

04 向图表内侧拖动鼠标指针至合适位置释放鼠标，即可缩小图表，如图 9-6 所示。

图 9-5   图 9-6

9.1.3 更改图表数据源

在对创建的图表进行修改时，会遇到更改某个数据系列数据源的问题。下面介绍更改图表数据源的方法。

01 打开素材工作表，选中图表，在"图表工具"选项卡中单击"选择数据"按钮，如图 9-7 所示。

02 打开"编辑数据源"对话框，单击"图表数据区域"文本框右侧的"折叠"按钮，如图 9-8 所示。

图 9-7 图 9-8

03 在工作表中选中 A2 ~ B14 单元格区域，单击"展开"按钮，如图 9-9 所示。

04 返回"编辑数据源"对话框，单击"确定"按钮，如图 9-10 所示。

图 9-9 图 9-10

05 通过以上步骤即可完成更改图表数据源的操作，更新后的图表如图 9-11 所示。

图 9-11

9.1.4 更改图表类型

插入图表后，如果用户对当前图表类型不满意，可以更改图表类型。下面介绍更改图表类型的方法。

01 打开素材工作表，右击图表空白处，在弹出的快捷菜单中选择"更改图表类型"命令，如图 9-12 所示。

02 打开"更改图表类型"对话框，在左侧选择"折线图"选项卡，然后单击需要的"折线图"图表图示，如图 9-13 所示。

图 9-12

图 9-13

03 返回工作表中，柱形图已经变为折线图，如图 9-14 所示。

图 9-14

💡 **提示**

在 WPS Office 中成功插入图表后，图表右侧会自动显示竖排按钮，从上至下依次为"图表元素"按钮，可以设置图表元素如坐标轴、数据标签、图表标题等；"图表样式"按钮，可以设置图表的样式和配色方案；"图表筛选器"按钮，可以设置图表上需要显示的数据点和名称；"设置图表区域格式"按钮，可以精确地设置所选图表元素的格式。

9.2　美化与修饰图表

创建和编辑好图表后，用户可以根据自己的喜好对图表布局和样式进行设置，以达到美化图表的目的。用户可以设置图表区样式、设置绘图区样式，以及设置数据系列颜色。本节将详细介绍美化与修饰图表的知识。

9.2.1　设置图表区样式

图表区即整个图表的背景区域，包括所有的数据信息及图表辅助的说明信息。下面介绍设置图表区样式的操作方法。

01 打开素材工作表，选中图表，在"图表工具"选项卡中单击"图表样式"下拉按钮，在弹出的样式库中选择一种图表样式，如图 9-15 所示。

图 9-15

02 此时图表已经应用了样式，效果如图 9-16 所示。

图 9-16

9.2.2　设置绘图区样式

　　绘图区是图表中描绘图形的区域，其形状是根据表格数据形象化转换而来的。绘图区包括数据系列、坐标轴和网格线。下面介绍设置绘图区样式的方法。

01 打开素材工作表，在"图表工具"选项卡下的"图表元素"下拉列表中选择"绘图区"选项，如图 9-17 所示。

02 选择"绘图工具"选项卡，单击"填充"下拉按钮，在弹出的颜色库中选择一种颜色，如图 9-18 所示。

图 9-17

图 9-18

03 此时绘图区的显示效果已改变，如图 9-19 所示。

图 9-19

 提示

在美化图表时，除了可以使用纯色填充背景颜色外，还可以使用纹理填充。单击"填充"
下拉按钮，在弹出的下拉菜单中选择"图片或纹理"选项，在弹出的列表中选择所需的纹理效
果即可。

9.2.3 设置数据系列颜色

数据系列是根据用户指定的图表类型，以系列的方式显示在图表中的可视化数据。
下面介绍设置数据系列颜色的方法。

01 打开素材工作表，选中数据系列，选择"绘图工具"选项卡，单击"填充"下拉按钮，
在弹出的下拉菜单中选择"渐变"命令，如图 9-20 所示。

02 打开"属性"窗格，选中"渐变填充"单选按钮，在"填充"下拉列表中选择一
种填充样式，颜色填充效果会直接体现在图表上，如图 9-21 所示。

图 9-20

图 9-21

9.3　创建与使用数据透视表

使用"数据透视表"功能，可以根据基础表中的字段，从成千上万条数据记录中直接生成汇总表。当数据源工作表符合创建数据透视表的要求时，即可创建透视表，以便更好地对工作表进行分析和处理。

9.3.1　创建数据透视表

要创建数据透视表，首先要选择需要创建透视表的单元格区域。值得注意的是，数据内容要存在分类，数据透视表进行汇总才有意义。下面介绍创建数据透视表的操作方法。

01 打开素材工作表，选中数据区域中的任意单元格，选择"插入"选项卡，单击"数据透视表"按钮，如图 9-22 所示。

图 9-22

02 打开"创建数据透视表"对话框，保持默认选项，单击"确定"按钮，如图 9-23 所示。

图 9-23

03 系统会自动地在新工作表中创建一个数据透视表的基本框架，如图 9-24 所示。

图 9-24

9.3.2　添加字段

数据透视表默认是空白的，原因是还没有为其添加需要的字段。下面介绍为数据透视表添加字段的操作方法。

01 打开素材工作表，在"数据透视表"窗格中将"销售人员"复选框拖至"筛选器"列表中，将"客户姓名"复选框拖至"行"列表中，将"订单总额"和"预付款"复选框拖至"值"列表中，如图 9-25 所示。

02 此时工作表根据选中的字段生成数据透视表，如图 9-26 所示。

图 9-25

图 9-26

9.3.3　设置值字段数据格式

　　数据透视表默认的格式是常规型数据格式，用户可以手动对数据格式进行设置。下面介绍设置值字段数据格式的操作方法。

01 打开素材工作表，在"数据透视表"窗格中单击"值"列表框中的"求和项：订单总额"下拉按钮，选择"值字段设置"选项，如图 9-27 所示。

02 打开"值字段设置"对话框，单击"数字格式"按钮，如图 9-28 所示。

图 9-27　　　　　　　　　　　　　　　　　图 9-28

03 打开"单元格格式"对话框，在"分类"列表框中选择"货币"选项，设置"小数位数"和"货币符号"选项的参数，单击"确定"按钮，如图 9-29 所示。

04 返回"值字段设置"对话框，单击"确定"按钮，如图 9-30 所示。

图 9-29　　　　　　　　　　　　　　　　　图 9-30

05 此时数据透视表中"求和项：订单总额"一列的数据都添加了货币符号，效果如图 9-31 所示。

图 9-31

> **提 示**
>
> 在数据透视表中选择值字段对应的任意单元格，单击"分析"选项卡中的"字段设置"按钮，也可以打开"值字段设置"对话框。除此之外，在该对话框中还可以自定义字段名称和选择字段的汇总方式。

9.3.4　设置值字段汇总方式

数据透视表中值汇总方式有多种，包括求和、计数、平均值、最大值、最小值、乘积等。下面介绍设置值字段汇总方式的操作方法。

01 打开素材工作表，在数据透视表中右击 B10 单元格，在弹出的快捷菜单中选择"值字段设置"命令，如图 9-32 所示。

02 打开"值字段设置"对话框，在"选择用于汇总所选字段数据的计算类型"列表框中选择"计数"选项，单击"确定"按钮，如图 9-33 所示。

图 9-32

图 9-33

03 此时"订单总额"的"值汇总方式"变成"计数"格式,如图 9-34 所示。

图 9-34

9.3.5 应用样式

WPS Office 内置了多种数据透视表的样式,可以满足大部分数据透视表的需要。下面介绍应用样式的方法。

01 打开素材工作簿,在 Sheet1 工作表中的数据透视表内选择任意单元格,选择"设计"选项卡,单击"选择数据透视表的外观样式"下拉按钮,在弹出的样式库中选择"中等深浅 3"样式,如图 9-35 所示。

02 此时数据透视表已经应用了样式,效果如图 9-36 所示。

图 9-35

图 9-36

9.4 创建与设置数据透视图

和数据透视表不同，数据透视图可以更直观地展示出数据的数量和变化，反映数据间的对比关系，而且具有很强的数据筛选和汇总功能，用户更容易从数据透视图中找到数据的变化规律和趋势。

9.4.1 插入数据透视图

数据透视图可以通过数据源工作表进行创建。下面介绍插入数据透视图的操作方法。

01 打开素材工作簿，选中 Sheet2 工作表中的 A1 ~ C29 单元格区域，选择"插入"选项卡，单击"数据透视图"按钮，如图 9-37 所示。

02 打开"创建数据透视图"对话框，选中"现有工作表"单选按钮，在表格中选择需要放置透视图的位置，单击"确定"按钮，如图 9-38 所示。

图 9-37

图 9-38

03 此时在工作表中插入数据透视图，在"数据透视图"窗格中，将"办公用品名称"字段拖至"图例（系列）"区域，将"部门"字段拖至"轴（类别）"区域，将"数量"字段拖至"值"区域，如图 9-39 所示。

图 9-39

04 设置完毕后，此时在工作表中生成数据透视图，效果如图 9-40 所示。

图 9-40

9.4.2 移动数据透视图

为了更好地显示图表，用户可以将数据透视图单独放置在一个工作表中。下面介绍移动数据透视图的操作方法。

01 打开素材工作表，选中数据透视图，选择"图表工具"选项卡，单击"移动图表"按钮，如图 9-41 所示。

02 打开"移动图表"对话框，选中"新工作表"单选按钮，单击"确定"按钮，如图 9-42 所示。

图 9-41   图 9-42

03 此时数据透视图将移动到自动新建的 Chart1 工作表中，该图表成为工作表中的唯一对象，如图 9-43 所示。

图 9-43

9.4.3　设置并美化数据透视图

对数据透视图可以灵活进行设置，下面介绍设置并美化数据透视图的操作方法。

01 打开素材工作表，选中数据透视图的图表区，选择"绘图工具"选项卡，单击"填充"下拉按钮，在弹出的颜色库中选择一种颜色，如图 9-44 所示。

图 9-44

02 此时图表区已经填充完毕，选择数据透视图的绘图区，单击"填充"下拉按钮，在弹出的颜色库中选择一种颜色，如图 9-45 所示。

图 9-45

03 此时数据透视图的图表区和绘图区都应用了设置后的颜色，选中数据透视图，选择"图表工具"选项卡，单击"更改类型"按钮，如图 9-46 所示。

04 打开"更改图表类型"对话框，在左侧选择"条形图"选项卡，然后单击需要的"簇状条形图"图形图示，如图 9-47 所示。

图 9-46　　　　　　　　　　　　　　图 9-47

05 此时数据透视图由柱形图改为条形图，效果如图 9-48 所示。

图 9-48

提示

创建数据透视图时，不能使用 XY 散点图、气泡图和股价图等图表类型。数据透视图外观的设置应以易读为前提，然后在不影响观察的前提下对表格和图表进行美化。

9.5　进阶技巧

　　本节将介绍一些分析表格数据的技巧，用户通过这些技巧可以更进一步掌握使用 WPS Office 的方法。其中包括在图表中添加图片、应用数据透视图样式、插入和使用切片器、设置切片器等内容。

9.5.1　在图表中添加图片

　　在使用 WPS Office 创建图表时，如果希望图表变得更加生动美观，可以使用图片来填充背景。下面介绍在图表中添加图片的方法。

01　打开素材工作表，选中图表，选择"绘图工具"选项卡，单击"设置格式"按钮，如图 9-49 所示。

02　打开"属性"窗格，选择"填充与线条"选项卡，在"填充"栏中单击"图片或纹理填充"单选按钮，在"图片填充"下拉列表中选择"在线文件"选项，如图 9-50 所示。

图 9-49　　　　　　　　　　图 9-50

03　此时在打开的页面中提供了付费图片和免费的办公图片，选择"办公专区"选项，单击一张图片，如图 9-51 所示。

图 9-51

04 进入"图片详情"界面，单击"插入图片"按钮，如图 9-52 所示。

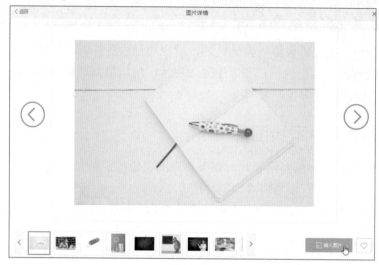

图 9-52

05 此时图表的背景已经变成刚刚插入的图片，如图 9-53 所示。

图 9-53

9.5.2 应用数据透视图样式

在 WPS Office 中预设了多种不同类型的数据透视图样式，为了快速制作出美观且专业的数据透视图，用户可以直接选择预设的样式进行数据透视图的设置。下面详细介绍应用数据透视图样式的方法。

01 打开素材工作表，选中透视图，选择"图表工具"选项卡，单击"图表样式"下拉按钮，在弹出的样式库中选择一种样式，如图 9-54 所示。

02 此时数据透视图已经应用了新的图表样式，如图 9-55 所示。

图 9-54

图 9-55

9.5.3 插入和使用切片器

切片器是易于使用的筛选组件，它包含一组按钮，使用户能快速地筛选出数据透视表中的数据，而不需要通过下拉列表查找要筛选的项目。下面介绍插入和使用切片器的方法。

01 打开素材工作表，选中透视表，选择"分析"选项卡，单击"插入切片器"按钮，如图 9-56 所示。

02 打开"插入切片器"对话框，勾选"国家/地区"复选框，单击"确定"按钮，如图 9-57所示。

图 9-56

图 9-57

03 此时表格中插入"国家/地区"切片器，选择"美国"选项，数据透视表中将同步筛选出美国订单的相关信息，如图 9-58 所示。

图 9-58

9.5.4 设置切片器

在工作表中插入切片器后，可以通过设置来调整切片器中选项的排列方式，也可以设置切片器的名称。下面介绍设置切片器的方法。

01 打开素材工作表，选中切片器，选择"选项"选项卡，单击"切片器设置"按钮，如图 9-59 所示。

02 打开"切片器设置"对话框，选中"降序(最大到最小)"单选按钮，单击"确定"按钮，如图 9-60 所示。

图 9-59   图 9-60

03 此时表格中插入"国家 / 地区"切片器，选择"东南亚"选项，数据透视表中将同步筛选出东南亚订单的相关信息，如图 9-61 所示。

图 9-61

9.5.5 给图表添加趋势线

一个复杂的数据图表通常包含许多数据，用户使用"趋势线"可以清楚地看到数据趋势变化。下面介绍给图表添加趋势线的方法。

01 打开素材工作表，选中图表，选择"图表工具"选项卡，单击"添加元素"下拉按钮，在弹出的下拉菜单中选择"趋势线"|"线性"命令，如图 9-62 所示。

02 此时图表中已经添加了趋势线，效果如图 9-63 所示。

图 9-62

图 9-63

9.6 案例演练

　　创建销售业绩透视图可以很好地对销售业绩数据进行分析，找到普通数据表中很难发现的规律，对以后的销售策略有很重要的参考作用。制作销售业绩透视图可以按照以下步骤进行操作。

01 打开素材工作表，选中 A2 ～ D20 单元格区域，单击"插入"选项卡中的"数据透视图"按钮，如图 9-64 所示。

02 根据数据表中的数据插入数据透视图，效果如图 9-65 所示。

图 9-64	图 9-65

03 应用预设样式美化数据透视图，效果如图 9-66 所示。

图 9-66

第10章

创建与编辑 WPS 幻灯片

本章主要介绍演示文稿、幻灯片和设计幻灯片母版操作的知识与技巧，同时还讲解如何编辑幻灯片内容，在本章的最后讲解快速替换演示文稿中的字体、美化幻灯片中的文本、将演示文稿保存为模板、讲义母版和备注母版等内容。通过本章的学习，读者可以掌握使用 WPS Office 创建幻灯片方面的知识。

10.1 演示文稿的基本操作

演示文稿是由一张张幻灯片组成的，可以通过计算机屏幕或投影机进行播放。本节主要介绍演示文稿的基本操作，包括新建并保存空白演示文稿和根据模板新建演示文稿。

10.1.1 新建并保存空白演示文稿

本节将介绍新建并保存空白演示文稿的操作方法。

01 启动 WPS Office，进入"新建"窗口，选择"新建演示"选项卡，选择"新建空白演示"图示，如图 10-1 所示。

02 此时 WPS Office 创建了一个名为"演示文稿 1"的空白文档，单击"文件"按钮，在弹出的菜单中选择"保存"命令，如图 10-2 所示。

图 10-1

图 10-2

03 打开"另存文件"对话框，选择文件保存位置，在"文件名"文本框中输入名称，单击"保存"按钮，如图 10-3 所示。

图 10-3

04 返回演示文稿中，此时可以看到文稿名称已改变，如图 10-4 所示。

图 10-4

10.1.2　根据模板新建演示文稿

WPS Office 为用户提供了多种演示文稿和幻灯片模板，用户可以根据模板新建演示文稿。下面介绍根据模板新建演示文稿的操作方法。

01 启动 WPS Office，进入"新建"窗口，选择"新建演示"选项卡，在模板区域中选择"职场通用"类型模板，然后单击"查看全部"链接选项，如图 10-5 所示。

图 10-5

02 进入"职场通用"模板页面，选择一种模板，单击该模板图示，如图 10-6 所示。

图 10-6

03 根据模板新建演示文稿的效果如图 10-7 所示。

图 10-7

10.2　幻灯片的基本操作

幻灯片的基本操作是制作演示文稿的基础，其中包括插入和删除幻灯片、复制和移动幻灯片及修改幻灯片的版式。

10.2.1　插入和删除幻灯片

在 WPS Office 中创建演示文稿后，用户可以根据需要插入或删除幻灯片。下面介绍插入和删除幻灯片的方法。

01 打开素材文件，选中第 2 张幻灯片，在"开始"选项卡中单击"新建幻灯片"下拉按钮，在弹出的下拉菜单中选择一种模板样式，如图 10-8 所示。

图 10-8

02 在"幻灯片"窗格中第2张幻灯片的下方已经插入了一张新幻灯片，如图10-9所示。

03 选中第14张幻灯片，右击该幻灯片，在弹出的快捷菜单中选择"删除幻灯片"命令，如图10-10所示。

图 10-9　　　　　　　　　　　　　图 10-10

04 此时可以看到选择的幻灯片已经被删除，并显示前一张幻灯片，如图10-11所示。

图 10-11

💡 **提 示**

　　将鼠标指针移至"幻灯片"窗格中任意一张幻灯片上，此时所选幻灯片将自动显示出"当页开始"按钮和"新建幻灯片"按钮，单击"新建幻灯片"按钮，同样可以进行新建幻灯片的操作。

10.2.2　复制和移动幻灯片

　　移动幻灯片是指在制作演示文稿时，根据需要对幻灯片的顺序进行调整。复制幻灯片是指在制作演示文稿时，若需要新建的幻灯片与某张已经存在的幻灯片非常相似，可以先复制该幻灯片然后再对其进行编辑，以节省时间和提高工作效率。下面介绍复制和移动幻灯片的方法。

01 打开素材文件，右击第 2 张幻灯片，在弹出的快捷菜单中选择"复制幻灯片"命令，如图 10-12 所示。

02 在"幻灯片"窗格中第 2 张幻灯片的下方已经复制出了一张相同的幻灯片，如图 10-13 所示。

图 10-12

图 10-13

03 将鼠标指针移动到刚才复制的幻灯片上，按住鼠标左键不放，将其拖动到第 6 张幻灯片下方，如图 10-14 所示。

04 此时可以看到幻灯片已经被移动，效果如图 10-15 所示。

图 10-14

图 10-15

10.2.3　修改幻灯片的版式

幻灯片版式是幻灯片中各种元素的排列组合方式，WPS 演示文稿默认提供了 11 种幻灯片版式。下面介绍修改幻灯片版式的方法。

01 打开素材文件，选中第 4 张幻灯片缩略图，在"开始"选项卡中单击"版式"下拉按钮，在弹出的"母版版式"下拉列表中选择一个版式，如图 10-16 所示。

图 10-16

02 此时第 4 张幻灯片的版式已经被更改，效果如图 10-17 所示。

图 10-17

10.3　设计幻灯片母版

幻灯片母版是用于设置幻灯片的一种样式，可供用户设置各种标题文字、背景、属性等，只需要修改其中一项内容就可以更改所有幻灯片的设计。本节主要讲解幻灯片母版的设计和修改的相关知识。

10.3.1 设计母版页面选项

一个完整且专业的演示文稿，其内容、背景、配色和文字格式都有统一的设置，为了实现统一的设置就需要使用幻灯片母版的设计。下面介绍设计母版版式的方法。

01 启动 WPS Office，新建空白演示文稿，选择"设计"选项卡，单击"页面设置"按钮，如图 10-18 所示。

图 10-18

02 打开"页面设置"对话框，在"幻灯片大小"下拉列表中选择"全屏显示(16:9)"选项，单击"确定"按钮，如图 10-19 所示。

03 打开"页面缩放选项"对话框，单击"确保适合"按钮即可完成版式的设置，如图 10-20 所示。

图 10-19

图 10-20

10.3.2　设置母版背景

若要为所有幻灯片应用统一的背景，可在幻灯片母版中进行设置。下面介绍设计幻灯片母版背景的方法。

01 打开素材文件，选择"设计"选项卡，单击"编辑母版"按钮，如图 10-21 所示。

02 在"母版幻灯片"窗格中选择第 1 张幻灯片，单击"幻灯片母版"选项卡中的"背景"按钮，如图 10-22 所示。

图 10-21　　　　　　　　　　　　　　　　图 10-22

03 打开"对象属性"窗格，在"填充"栏中选中"渐变填充"单选按钮，单击"颜色"按钮，在弹出的渐变库中选择一种渐变样式，如图 10-23 所示。

04 单击"停止点 1"滑块，在"色标颜色"下拉列表中选择"标准颜色"栏中的"橙色"选项，拖动"透明度"滑块至 60%，如图 10-24 所示。

图 10-23　　　　　　　　　　　　　　　　图 10-24

05 单击"角度"选项下的"增加渐变光圈"按钮，为渐变效果增加一个停止点，如图 10-25 所示。

06 单击"停止点 2"滑块，在"色标颜色"下拉列表中选择"标准颜色"栏中的"红色"选项，拖动"亮度"滑块至 30%，如图 10-26 所示。

图 10-25

图 10-26

07 查看母版背景，效果如图 10-27 所示。

图 10-27

💡 **提 示**

　　用户可以将母板背景应用于单个幻灯片。进入编辑幻灯片母版状态后，如果选择母版幻灯片中的第 1 张幻灯片，那么在母版中进行的设置将应用于所有的幻灯片。如果想要单独设计一张母版幻灯片，则需要选择除第 1 张母版幻灯片外的某一张幻灯片并对其进行设计，才不会将设置应用于所有幻灯片。

10.3.3　设置母版占位符

　　演示文稿中所有幻灯片的占位符是固定的，如果要修改每个占位符格式既费时又费力，此时用户可以在幻灯片母版中预先设置好各占位符的位置、大小、字体和颜色等格式，使幻灯片中的占位符都自动应用该格式。下面介绍设置母版占位符的方法。

01 打开素材文件，进入母版编辑模式，选择第 2 张幻灯片，选中标题占位符，在"文本工具"选项卡中设置占位符的字体、字号和颜色分别为"微软雅黑、60、白色"，如图 10-28 所示。

02 按照相同方法，将下方的副标题占位符的文本格式设置为"微软雅黑、36、白色"，如图 10-29 所示。

图 10-28　　　　　　　　　　　　　图 10-29

03 选择"插入"选项卡，单击"形状"下拉按钮，在弹出的形状库中选择"矩形"样式，如图 10-30 所示。

04 拖动鼠标指针在幻灯片中绘制一个高为 4.8 厘米、宽为 26.9 厘米的矩形，然后用鼠标指针将矩形拖动到幻灯片中的合适位置。选中矩形，在"绘图工具"选项卡中单击"轮廓"下拉按钮，在弹出的下拉菜单中选择"无边框颜色"选项，如图 10-31 所示。

图 10-30　　　　　　　　　　　　　图 10-31

05 单击"填充"下拉按钮，在弹出的颜色库中选择"黑色"，如图 10-32 所示。

06 按照相同方法，继续在幻灯片中绘制一个高为 4.8 厘米，宽为 6.19 厘米的矩形，设置填充效果为"橙色、无边框颜色"，如图 10-33 所示。

图 10-32

图 10-33

07 使用 Ctrl 键选中两个矩形，在"绘图工具"选项卡中单击"对齐"下拉按钮，在弹出的下拉菜单中选择"靠下对齐"命令，如图 10-34 所示。

08 移动两个占位符位置并将其设置为置于底层，最后的效果如图 10-35 所示。

图 10-34

图 10-35

10.3.4 插入并编辑图片

为了使演示文稿的母版内容更加丰富和专业，用户还可以在幻灯片中插入相关的图片进行美化。下面介绍插入并编辑图片的方法。

01 打开素材文件，进入母版编辑模式，选择第 4 张幻灯片，选择"插入"选项卡，单击"图片"下拉按钮，然后选择"本地图片"选项，如图 10-36 所示。

02 打开"插入图片"对话框，选择图片所在位置，选中图片，单击"打开"按钮，如图 10-37 所示。

图 10-36　　　　　　　　　　　　　　　图 10-37

03 此时图片已经插入幻灯片中，将其移动到幻灯片中的合适位置，效果如图 10-38 所示。

图 10-38

10.4　编辑幻灯片内容

仅仅设置好母版幻灯片的版式是不够的，还需要为幻灯片添加文字、图片等信息，并突出显示重点内容。制作幻灯片的内容包括输入文本、设置文本和段落的格式等。本节将详细介绍编辑幻灯片内容的相关知识。

10.4.1　输入文本

本节将介绍在幻灯片中输入文本的方法。

01 打开素材文件，选择第 1 张幻灯片，将光标定位在标题占位符中，输入"述职报告"，如图 10-39 所示。

02 在副标题占位符中继续输入内容，如图 10-40 所示。

图 10-39　　　　　　　　　　　　　　　　图 10-40

10.4.2　设置文本和段落格式

本节将介绍在幻灯片中设置文本和段落格式的方法。

01 打开素材文件，选择第 2 张幻灯片，选中占位符，在"开始"选项卡中单击"增大字号"按钮，如图 10-41 所示。

02 此时占位符中的文字字号已经变大，再单击"开始"选项卡中的"加粗"按钮，如图 10-42 所示。

图 10-41　　　　　　　　　　　　　　　　图 10-42

03 此时占位符中的文字已经加粗显示，单击"开始"选项卡中的"段落"对话框启动器按钮，如图 10-43 所示。

04 打开"段落"对话框，在"缩进和间距"选项卡中设置"行距"为"双倍行距"选项，单击"确定"按钮，如图 10-44 所示。

图 10-43 图 10-44

05 此时占位符中的文本段落行距已经改变，如图 10-45 所示。通过以上步骤即可完成设置文本和段落格式的操作。

图 10-45

10.5 进阶技巧

本节将介绍一些使用 WPS Office 创建幻灯片的技巧，用户通过这些技巧可以更进一步掌握创建与编辑幻灯片的方法，其中包括快速替换演示文稿中的字体、美化幻灯片中的文本、将演示文稿保存为模板、讲义母版、备注母版等内容。

10.5.1 快速替换演示文稿中的字体

本小节主要介绍根据现有字体进行一对一替换的方法，不会影响其他的字体对象，无论演示文稿是否使用了占位符，这种方法都可以调整字体，所以实用性较强。下面介绍具体操作方法。

01 新建空白演示文稿，在"开始"选项卡中单击"替换"下拉按钮，在弹出的下拉菜单中选择"替换字体"命令，如图 10-46 所示。

02 打开"替换字体"对话框，在"替换为"下拉列表中选择"华文琥珀"选项，单击"替换"按钮，即可完成替换字体的操作，如图 10-47 所示。

图 10-46

图 10-47

10.5.2　美化幻灯片中的文本

美化演示文稿中的文本可以增加观众的阅读兴趣。除了可以设置字体、字号、颜色等格式外，用户还可以设置文本的方向。设置文本方向不但可以打破思维定式，还能增加文本的动感，使文本别具魅力。下面主要介绍竖向、斜向、十字交叉 3 种文本方向。

▶ 竖向：中文文本进行竖向排列与传统习惯相符，竖向排列的文本更具文化感，如果加上竖式线条的修饰更加有助于观众阅读。

▶ 斜向：中英文文本都能斜向排列，展示时能带给观众强烈的视觉冲击力。设置斜向文本时，内容不宜过多，且配图和背景图片最好都与文本一起倾斜，让观众顺着图片把注意力集中到斜向的文本上。

▶ 十字交叉：十字交叉排列的文本在海报设计中比较常见。十字交叉是抓住眼球焦点的位置，通常该处的文本应该是内容的重点，这一点在制作该类型文本时应该特别注意。

10.5.3　将演示文稿保存为模板

模板是一张幻灯片或一组幻灯片的图案或蓝图，其后缀名为 .dpt。模板可以包含版式、主题颜色、主题字体、主题效果和背景样式，甚至还可以包含内容。下面介绍将演示文稿保存为模板的操作方法。

01 打开素材文件，单击"文件"按钮，在弹出的菜单中选择"另存为"|"WPS 演示模板文件 (*.dpt)"选项，如图 10-48 所示。

图 10-48

02 弹出"另存文件"对话框，选择保存位置，在"文件名"文本框中输入名称，单击"保存"按钮，即可完成保存模板的操作，如图 10-49 所示。

图 10-49

10.5.4　讲义母版

　　母版视图中包括 3 种母版：幻灯片母版、讲义母版和备注母版。前面已经详细介绍了幻灯片母版的相关知识，本节介绍讲义母版的具体内容。讲义母版的作用是按照讲义的格式打印演示文稿，每个页面可以包含 1、2、3、4、5、6 或 9 张幻灯片，该讲义可供观众在会议中使用。

　　打印预览时，允许选择讲义的版式类型和查看打印版本的实际外观。用户还可以通过预览来编辑页眉、页脚和页码。其中，版式选项包含水平和垂直两个方向。

01 打开素材文件，选择"视图"选项卡，单击"讲义母版"按钮，如图 10-50 所示。

图 10-50

02 进入"讲义母版"选项卡，用户可以对讲义母版进行具体的设置，包括"讲义方向""幻灯片大小"和"每页幻灯片数量"等设置，如图 10-51 所示。

图 10-51

10.5.5 备注母版

如果演讲者把所有要讲的内容都放到幻灯片上，演讲就会变成照本宣科，乏味而无趣。基于这样的原因，用户在制作演示文稿时，把需要展示给观众的内容放在幻灯片里，把不需要展示给观众的内容写在备注里，这样备注母版就应运而生。

01 打开素材文件，选择"视图"选项卡，单击"备注母版"按钮，如图 10-52 所示。

图 10-52

02 进入"备注母版"选项卡,用户可以对备注母版进行具体的设置,包括"备注页方向""幻灯片大小"等设置选项,如图 10-53 所示。

图 10-53

10.6　案例演练

　　制作公司管理培训演示文稿要做到内容客观、重点突出、个性鲜明,使公司员工了解演示文稿的重点内容。下面以设计制作公司管理培训演示文稿为例进行介绍,具体操作步骤如下。

01 启动 WPS Office,新建空白演示文稿,为演示文稿应用主题,并设置演示文稿的显示比例,如图 10-54 所示。

图 10-54

02 新建幻灯片，并在幻灯片中输入文本，设置字体格式、段落对齐方式、段落缩进等，每张幻灯片的效果如图 10-55 所示。

图 10-55

第11章

编辑与美化幻灯片

本章主要介绍插入与编辑图片、形状、艺术字和表格的知识与技巧，同时还讲解如何插入与编辑图表，在本章的最后讲解快速替换图片、遮挡图片、设置图片边框、设置图片轮廓和阴影等内容。通过本章的学习，读者可以掌握编辑与美化幻灯片方面的知识。

11.1　插入与编辑图片

为了使幻灯片更加绚丽和美观，用户可在文档中加入图片元素。在 WPS 演示文稿中插入与编辑图片的大部分操作与在 WPS 文档中的操作相同，但由于演示文稿需要通过视觉体验吸引观众的注意，因此对于图片的要求更高。

11.1.1　插入并裁剪图片

插入图片主要是指插入计算机本地保存的图片。下面介绍在幻灯片下插入计算机中的图片和裁剪图片的方法。

01 打开素材文件，选中第 2 张幻灯片，在幻灯片的文本框中单击"插入图片"按钮，如图 11-1 所示。

图 11-1

02 打开"插入图片"对话框，选择图片所在位置，然后选中图片，单击"打开"按钮，如图 11-2 所示。

图 11-2

03 此时图片已经插入文本框中，效果如图 11-3 所示。

图 11-3

04 选中图片，在"图片工具"选项卡中单击"裁剪"下拉按钮，在弹出的形状库中选择"椭圆"选项，如图 11-4 所示。

05 此时在图片周围出现 8 个黑色的裁剪点，按 Enter 键或在工作界面空白处单击鼠标左键，即可完成裁剪，如图 11-5 所示。

图 11-4

图 11-5

11.1.2　精确调整图片大小

在演示文稿中可以精确设置图片的高度与宽度，下面介绍精确调整图片大小的方法。

01 打开素材文件，选中第 2 张幻灯片，再选中幻灯片中的图片，自动进入"图片工具"选项卡，在"宽度"和"高度"微调框中输入数值，如图 11-6 所示。

图 11-6

02 按 Enter 键即可完成调整图片大小的操作，如图 11-7 所示。

图 11-7

提示

如果用户对调整后的图片大小不满意，可以选中图片，单击"图片工具"选项卡中的"重设大小"按钮，将图片恢复至初始状态，然后重新对图片的大小进行调整。

11.2　绘制与编辑形状

演示文稿中的形状包括线条、矩形、圆形、箭头、星形及流程图等，利用这些不同的形状或形状组合，可以制作出与众不同的幻灯片样式，以吸引观众的注意。本节将介绍绘制与编辑形状的相关知识。

11.2.1　绘制形状

绘制形状主要是通过拖动鼠标指针完成的，在幻灯片中选择需要绘制的形状后，拖动鼠标指针即可绘制该形状。

01 打开素材文件，选中第 3 张幻灯片，选择"插入"选项卡，单击"形状"下拉按钮，在弹出的形状库中选择"六边形"选项，如图 11-8 所示。

02 当鼠标指针变为十字形状时，在幻灯片中按住鼠标左键进行拖动，至适当位置后释放鼠标，即可完成绘制形状的操作，如图 11-9 所示。

图 11-8   图 11-9

💡 **提示**

在绘制形状时，如果要从中心开始绘制形状，则在按住 Ctrl 键的同时拖动鼠标。如果要绘制规范的正方形、圆形和五边形，则在按住 Shift 键的同时拖动鼠标进行绘制。

11.2.2 设置形状轮廓

形状轮廓是指形状的外边框，设置形状外边框包括设置其颜色、宽度及线型等，也可以将其设置为无外边框。下面介绍设置形状轮廓的方法。

01 打开素材文件，选中第 3 张幻灯片，然后选中幻灯片中的形状，在"绘图工具"选项卡中单击"轮廓"下拉按钮，在弹出的下拉菜单中选择"无边框颜色"选项，如图 11-10 所示。

图 11-10

02 此时形状已经没有了外边框，效果如图 11-11 所示。

图 11-11

11.2.3 设置形状填充颜色

形状填充颜色是指形状内部的填充颜色或效果，可以设置为纯色、渐变色、图片或纹理等填充效果。下面介绍设置形状填充颜色的方法。

01 打开素材文件，选中第 3 张幻灯片，然后选中幻灯片中的形状，在"绘图工具"选项卡中单击"填充"下拉按钮，在弹出的下拉菜单中选择"其他填充颜色"命令，如图 11-12 所示。

02 打开"颜色"对话框，选择"自定义"选项卡，在"红色""绿色"和"蓝色"微调框中输入数值，单击"确定"按钮，如图 11-13 所示。

图 11-12

图 11-13

03 此时形状的填充颜色已经改变，如图 11-14 所示。

图 11-14

11.2.4　组合形状

如果一张幻灯片中有多个形状，一旦调整其中一个形状，很可能会影响其他形状的排列和对齐。组合形状功能可以将这些形状合成为一个整体，既能单独编辑单个形状，也可以一起调整。下面介绍组合形状的方法。

01 打开素材文件，选中第 3 张幻灯片，使用 Ctrl 键选中所有的形状，右击形状，在弹出的快捷菜单中选择"组合"命令，如图 11-15 所示。

图 11-15

02 此时所有的形状已经组合为一个整体，效果如图 11-16 所示。

图 11-16

11.3　插入与编辑艺术字

在设计演示文稿时，为了使幻灯片更加美观和形象，常常需要用到艺术字功能。插入艺术字后，用户可以通过改变其样式、大小、位置和字体格式等操作来设置艺术字。本节将介绍在幻灯片中插入与编辑艺术字的相关知识。

11.3.1　插入艺术字

本节将介绍在幻灯片中插入艺术字的操作方法。

01 打开素材文件，选中第 5 张幻灯片，选择"插入"选项卡，单击"艺术字"下拉按钮，在弹出的艺术字库中选择一种样式，如图 11-17 所示。

图 11-17

02 此时幻灯片中插入了一个艺术字文本框，如图 11-18 所示。

图 11-18

03 在文本框中输入"企业文化手册"，如图 11-19 所示。

图 11-19

04 选中艺术字文本框，拖动鼠标左键，将艺术字移动到合适位置，效果如图 11-20 所示。

图 11-20

11.3.2 编辑艺术字

在幻灯片中插入艺术字后，用户可以编辑艺术字的字体、字号、填充颜色等。下面介绍在幻灯片中编辑艺术字的操作方法。

01 打开素材文件，选中第 5 张幻灯片，然后选中艺术字文本框，在"文本工具"选项卡中单击"文本填充"下拉按钮，在弹出的艺术字库中选择一种颜色，如图 11-21 所示。

02 单击"文本效果"下拉按钮，在弹出的下拉菜单中选择"转换"|"倒 V 形"命令，如图 11-22 所示。

图 11-21

图 11-22

03 通过以上步骤即可完成编辑艺术字的操作，效果如图 11-23 所示。

💡 **提示**

在幻灯片中，如果用户对应用的文本效果不满意，则可以选中艺术字文本框，在文本框右侧会出现"转换"按钮，单击该按钮可在打开的下拉列表中重新选择所需要的文本转换效果。

图 11-23

11.4 插入与编辑表格

在幻灯片中插入表格能使演示文稿更丰富且直观。插入表格后，用户还需要对其进行编辑，使其与演示文稿的主题相符。

11.4.1 插入表格

本节介绍在幻灯片中插入表格的操作方法。

01 打开素材文件，选中第9张幻灯片，选择"插入"选项卡，单击"表格"下拉按钮，在弹出的下拉菜单中选择"插入表格"命令，如图 11-24 所示。

02 打开"插入表格"对话框，在"行数"和"列数"微调框中输入数值，单击"确定"按钮，如图 11-25 所示。

图 11-24

图 11-25

03 此时幻灯片中已经插入了表格，如图 11-26 所示。

图 11-26

11.4.2　设置表格样式

在幻灯片中插入表格后，用户可以根据需要设置表格的样式，使其与整个演示文稿的颜色风格相统一。下面介绍设置表格样式的操作方法。

01 打开素材文件，选中第 9 张幻灯片，然后选中幻灯片中的表格，选择"表格样式"选项卡，单击"表格样式"下拉按钮，在弹出的样式库中选择一种样式，如图 11-27 所示。

图 11-27

02 此时表格已经应用了样式，效果如图 11-28 所示。

图 11-28

> **提示**
>
> 在幻灯片中选择表格中的单元格，选择"表格样式"选项卡，单击"填充"下拉按钮，在弹出的下拉菜单中可以为单元格设置渐变、图案、图片或纹理等效果。选中整个表格，在"表格样式"选项卡中单击"填充"下拉按钮，在弹出的下拉菜单中还可以为表格设置填充颜色。

11.4.3　编辑表格

设置完表格样式后，用户可以编辑表格内容，其中包括输入文本、设置文本字体格式、调整表格列宽等。下面介绍编辑表格的操作方法。

01 打开素材文件，选中第 9 张幻灯片，然后选中幻灯片中的表格，将鼠标指针移动到列边框上，当指针变为左右方向的箭头时，可向左右拖动，调整表格的列宽，如图 11-29 所示。

02 在表格中输入文本，内容如图 11-30 所示。

图 11-29

图 11-30

03 设置表格行标题的字体、字号为"华文楷体，24"，表格正文的字体、字号为"楷体，14"，效果如图 11-31 所示。

图 11-31

04 选中表格中的所有文本，在"开始"选项卡中单击"居中对齐"按钮，如图 11-32 所示。

图 11-32

05 选中表格，在"表格工具"选项卡中单击"水平居中"按钮，如图 11-33 所示。

图 11-33

11.5　插入与编辑图表

当制作的演示文稿中需要使用数据时，简单的表格将显得过于单调，此时需要在幻灯片中插入不可或缺的图表元素。常用的图表有柱形图、饼图和折线图等。本节将介绍在演示文稿中插入和编辑图表的相关知识。

11.5.1　插入图表

本节将介绍在幻灯片中插入图表的方法。

01 打开素材文件，选中第 10 张幻灯片，选择"插入"选项卡，单击"图表"按钮，如图 11-34 所示。

图 11-34

02 打开"图表"对话框，在左侧选择"柱形图"选项卡，然后选择"簇状柱形图"选项，选择一种图表样式并单击，如图 11-35 所示。

图 11-35

03 此时幻灯片中已经插入了图表，如图 11-36 所示。

图 11-36

11.5.2 编辑图表元素

在幻灯片中插入图表后，用户可以编辑图表元素。下面详细介绍在幻灯片中编辑图表元素的方法。

01 打开素材文件，选中第 10 张幻灯片，然后选中图表，在"图表工具"选项卡中单击"添加元素"下拉按钮，在弹出的下拉菜单中选择"数据标签"|"数据标签外"命令，如图 11-37 所示。

02 在"图表工具"选项卡中单击"添加元素"下拉按钮，在弹出的下拉菜单中选择"数据表"|"显示图例项标示"命令，如图 11-38 所示。

图 11-37 图 11-38

03 查看添加了数据表和数据标签的图表效果，选中图表标题，输入新标题，如图 11-39 所示。

图 11-39

04 通过以上步骤即可完成编辑图表元素的操作，效果如图 11-40 所示。

图 11-40

11.5.3 设置图表样式

用户还可以对图表中的各个元素进行自定义填充颜色、设置边框样式及形状效果。下面介绍设置图表样式的方法。

01 打开素材文件，选中第 10 张幻灯片，然后选中图表区，在"图表工具"选项卡中单击"设置格式"按钮，如图 11-41 所示。

02 打开"对象属性"窗格，选择"填充与线条"选项卡，在"填充"栏中选中"无填充"单选按钮，如图 11-42 所示。

图 11-41

图 11-42

03 选中图表区，选择"文本工具"选项卡，将图表中的文本格式设置为"微软雅黑"，如图 11-43 所示，设置完成后的图表效果如图 11-44 所示。

图 11-43

图 11-44

提示

在幻灯片中插入图表后，单击"图表工具"选项卡中的"快速布局"按钮，在打开的下拉列表中选择任意一种布局，可以快速更改图表的整体布局。单击"更改颜色"下拉按钮，在弹出的颜色库中选择任意一种颜色，可以改变图表的整体颜色。

11.6　进阶技巧

本节将介绍一些编辑与美化幻灯片的技巧，用户通过这些技巧可以更进一步掌握编辑与美化幻灯片的方法，其中包括快速替换图片、遮挡图片、设置图片边框、设置图片轮廓和阴影效果，以及给幻灯片添加批注等内容。

11.6.1　快速替换图片

在制作演示文稿时，经常会利用以前制作好的演示文稿作为模板，通过修改文字和更换图片就能快速制作出新的演示文稿。但在更换图片的过程中，有些图片已经编辑得非常精美，更换后并不一定可以得到同样的效果，此时需要通过快速替换图片的方法单独替换图片，而图片的质感、样式和位置都与原图片保持一致。下面介绍具体操作方法。

01 打开素材文件，选中第 2 张幻灯片，然后选中图片，在"图片工具"选项卡中单击"替换图片"按钮，如图 11-45 所示。

图 11-45

02 打开"更改图片"对话框，选择图片所在位置，然后选择图片，单击"打开"按钮，如图 11-46 所示。

图 11-46

03 更换图片后的效果如图 11-47 所示。

图 11-47

11.6.2　遮挡图片

遮挡图片类似于裁剪图片，裁剪图片和遮挡图片都只保留图片的一部分内容，不同的是遮挡图片是利用形状来替换图片的一部分内容。下面介绍遮挡图片的方法。

01 新建空白演示文稿，选择"插入"选项卡，单击"图片"下拉按钮，在弹出的选项中选择"本地图片"命令，如图 11-48 所示。

02 打开"插入图片"对话框，选择图片所在位置，然后选择图片，单击"打开"按钮，如图 11-49 所示。

图 11-48

图 11-49

03 此时图片已经插入幻灯片中，调整图片大小，使图片完全覆盖住幻灯片，如图 11-50 所示。

04 选择"插入"选项卡，单击"形状"下拉按钮，在弹出的形状库中选择"流程图：延期"选项，如图 11-51 所示。

图 11-50

图 11-51

05 拖动鼠标在幻灯片中绘制一个形状，如图 11-52 所示。

06 选中形状，在"绘图工具"选项卡中单击"形状样式"下拉按钮，在弹出的样式库中选择一种样式，如图 11-53 所示。

图 11-52

图 11-53

07 此时绘制的形状已经引用了形状样式，如图 11-54 所示。

08 在幻灯片中添加艺术字，通过以上步骤即可完成遮挡图片的操作，如图 11-55 所示。

图 11-54

图 11-55

11.6.3　设置图片边框

用户还可以为幻灯片中的图片设置边框，设置图片边框的方法非常简单，下面介绍设置图片边框的方法。

01 新建空白演示文稿，选择"插入"选项卡，单击"图片"下拉按钮，在弹出的选项中选择"本地图片"命令，如图 11-56 所示。

02 打开"插入图片"对话框，选择图片所在位置，然后选择图片，单击"打开"按钮，如图 11-57 所示。

图 11-56　　　　　　　　　　　　　　　　图 11-57

03 此时图片已经插入幻灯片中，选中图片，在"图片工具"选项卡中单击"边框"下拉按钮，然后在弹出的下拉菜单中选择"图片边框"命令，在打开的子菜单中选择一个合适的边框样式，如图 11-58 所示。

04 通过以上步骤即可完成给图片添加边框的操作，效果如图 11-59 所示。

图 11-58　　　　　　　　　　　　　　　　图 11-59

11.6.4　设置图片轮廓和阴影

　　用户还可以为幻灯片中的图片设置轮廓和阴影，下面将介绍具体方法。

01 打开素材文件，选中图片，在"图片工具"选项卡中单击"边框"下拉按钮，在弹出的下拉菜单中选择"虚线线型"|"方点"命令，如图 11-60 所示。

02 此时可以看到图片的四周已经添加了虚线轮廓，如图 11-61 所示。

图 11-60

图 11-61

03 选中图片，在"图片工具"选项卡中单击"效果"下拉按钮，在弹出的下拉菜单中选择"更多设置"命令，如图 11-62 所示。

04 打开"对象属性"窗格，在"效果"选项卡的"阴影"下拉列表中选择"外部"|"左上斜偏移"选项，设置"颜色"为黑色，"透明度"为 60%，"大小"为 102%，"模糊"为 6 磅，"距离"为 9 磅，如图 11-63 所示。

图 11-62

图 11-63

05 返回幻灯片，查看添加的阴影效果，如图 11-64 所示。

图 11-64

11.6.5 给幻灯片添加批注

审阅他人的演示文稿时，可以利用批注功能提出修改意见。下面介绍给幻灯片添加批注的方法。

01 打开素材文件，选中第 1 张幻灯片，选择"审阅"选项卡，单击"插入批注"按钮，如图 11-65 所示。

图 11-65

02 此时幻灯片中插入了一个空白批注框，在批注框中输入批注内容，如图 11-66 所示。

图 11-66

03 单击幻灯片任意位置，批注框被隐藏，如果想要查看批注，单击 E1 标签即可展开批注内容，如图 11-67 所示。

图 11-67

11.6.6 使用取色器匹配幻灯片中的颜色

WPS 提供"取色器"功能，用户可以从幻灯片中的图片、形状等元素中提取颜色，将提取的各种颜色应用到幻灯片元素中。下面介绍使用取色器匹配幻灯片中颜色的方法。

01 打开素材文件，选中第 3 张幻灯片，然后选中图片，在"开始"选项卡中单击"填充"下拉按钮，在弹出的下拉菜单中选择"取色器"命令，如图 11-68 所示。

02 此时鼠标指针变成了一个吸管图标，移动鼠标指针即可查看颜色的实时预览，并显示 RGB 颜色坐标，在"RGB(110，110，204)"处单击，即可将选中的颜色添加到"最近使用颜色"列表中，如图 11-69 所示。

图 11-68

图 11-69

03 选中标题文本框，选择"开始"选项卡，单击"填充"下拉按钮，在弹出的下拉菜单中选择"最近使用颜色"下刚刚提取的颜色，如图 11-70 所示。

04 此时文本框已经被颜色填充，通过以上步骤即可完成使用取色器匹配幻灯片中颜色的操作，如图 11-71 所示。

图 11-70

图 11-71

11.7 案例演练

在制作企业发展战略演示文稿时，可以使用形状、图表等来表达幻灯片的内容，不仅可以使幻灯片内容更丰富，还可以更直观地展示数据。下面以设计制作企业发展战略演示文稿为例进行介绍，具体操作步骤如下。

01 新建空白演示文稿并进行保存，设计幻灯片母版，如图 11-72 所示。

图 11-72

02 在幻灯片中插入形状并为形状填充颜色，在图形上添加文字，对图形进行排列，如图 11-73 所示。

图 11-73

03 在幻灯片中插入图表并进行编辑与美化，如图 11-74 所示。该案例最终效果可以参考本节对应的素材文件。

图 11-74

第12章

应用多媒体与动画设计

本章主要介绍创建和编辑超链接、添加音频、添加视频和设置幻灯片动画的知识与技巧，同时还讲解如何设置幻灯片切换动画，在本章的最后讲解设置超链接到网页、设置不断放映的动画效果、自定义动画路径、在母版中创建动画等内容。通过本章的学习，读者可以掌握在幻灯片中应用多媒体与制作动画方面的知识。

12.1 创建和编辑超链接

为了在放映幻灯片时实现幻灯片的交互，用户可以通过 WPS 提供的超链接、动作按钮和触发器等功能来实现。本节将详细介绍在幻灯片中创建和编辑超链接的相关知识。

12.1.1 链接到指定幻灯片

WPS 为用户提供了超链接功能，可以将一张幻灯片中的文本框、图片、图形等元素链接到另一张幻灯片，实现幻灯片的快速切换。

01 打开素材文件，选中第 7 张幻灯片，右击图片，在弹出的快捷菜单中选择"超链接"命令，如图 12-1 所示。

02 打开"插入超链接"对话框，在"链接到"列表框中单击"本文档中的位置"选项，在"请选择文档中的位置"列表框中选择"10. 幻灯片 10"选项，单击"确定"按钮，如图 12-2 所示。

图 12-1   图 12-2

03 此时已经为图片添加了超链接，选择"放映"选项卡，单击"当页开始"按钮，如图 12-3 所示。

图 12-3

04 此时幻灯片进入放映状态，并从当前幻灯片开始放映，单击设置超链接的图片，如图 12-4 所示。

05 此时立刻切换到第 10 张幻灯片，如图 12-5 所示。

图 12-4

图 12-5

12.1.2 链接到其他文件

　　WPS 为用户提供了插入对象功能，用户可以根据需要在幻灯片中嵌入 Word 文档、Excel 表格、演示文稿及其他文件等。下面介绍将幻灯片链接到其他文件的操作方法。

01 打开素材文件，选中第 9 张幻灯片，选择"插入"选项卡，单击"对象"按钮，如图 12-6 所示。

02 打开"插入对象"对话框，选中"由文件创建"单选按钮，再单击"浏览"按钮，如图 12-7 所示。

图 12-6

图 12-7

03 弹出"浏览"对话框，选择文件所在位置，选中文件，单击"打开"按钮，如图 12-8 所示。

04 返回"插入对象"对话框，勾选"显示为图标"复选框，勾选"链接"复选框，单击"确定"按钮，如图 12-9 所示。

图 12-8 　　　　　　　　　　　　　　　图 12-9

05 此时文档已经嵌入幻灯片中，如图 12-10 所示。

图 12-10

12.1.3　添加动作按钮与链接

　　WPS 为用户提供了一系列动作按钮，如"前进""后退""开始"和"结束"等，用户可以在放映演示文稿时快速切换幻灯片，控制幻灯片的上下翻页，以及视频、音频等元素的播放。下面介绍在幻灯片中添加动作按钮与链接的操作方法。

01 打开素材文件，选中第 1 张幻灯片，选择"插入"选项卡，单击"形状"下拉按钮，在弹出的下拉列表中选择"动作按钮：前进或下一项"选项，如图 12-11 所示。

02 当鼠标指针变为十字形状时，拖动鼠标左键在幻灯片中绘制动作按钮，如图 12-12 所示。

图 12-11

图 12-12

03 打开"动作设置"对话框，选中"超链接到"单选按钮，在下面的下拉列表中选择"下一张幻灯片"选项，勾选"播放声音"复选框，在下面的下拉列表中选择"抽气"选项，单击"确定"按钮，如图 12-13 所示。

04 返回幻灯片中，选择"绘图工具"选项卡，单击"形状样式"下拉按钮，在弹出的样式库中选择一种样式，如图 12-14 所示。

图 12-13

图 12-14

05 通过以上步骤即可完成为幻灯片添加动作按钮与链接的操作，如图 12-15 所示。

图 12-15

12.2　添加音频

演示文稿并不是一个无声的世界，用户可以在幻灯片中插入解说录音、背景音乐等来介绍幻灯片中的内容。本节将详细介绍在幻灯片中添加并编辑音频的相关知识。

12.2.1　插入音频

在幻灯片中插入音频的方法与插入图片类似，下面介绍在幻灯片中插入音频的方法。

01 打开素材文件，选中第 1 张幻灯片，选择"插入"选项卡，单击"音频"下拉按钮，在弹出的下拉菜单中选择"嵌入音频"命令，如图 12-16 所示。

02 打开"插入音频"对话框，选择音频所在位置，选中音频文件，单击"打开"按钮，如图 12-17 所示。

图 12-16

图 12-17

03 通过以上步骤即可完成插入音频的操作，如图 12-18 所示。

图 12-18

12.2.2　设置音频

本节将介绍在幻灯片中设置音频的方法。

01 打开素材文件，选中第 1 张幻灯片，选中音频图标，在"音频工具"选项卡中单击"音量"下拉按钮，在弹出的下拉菜单中选择"高"命令，如图 12-19 所示。

02 保持音频图标的选中状态，单击"音频工具"选项卡中的"裁剪音频"按钮，如图 12-20 所示。

图 12-19　　　　　　　　　　　　　　　　　图 12-20

03 打开"裁剪音频"对话框，在"结束时间"微调框中输入"00:04"，单击"确定"按钮，如图 12-21 所示。

04 在"音频工具"选项卡的"淡出"文本框中输入"00.50"，即可完成对音频进行裁剪并设置的操作，如图 12-22 所示。

图 12-21　　　　　　　　　　　　　　　　　图 12-22

> 💡 **提示**
>
> 在"裁剪音频"对话框中，除了可以在"开始时间"和"结束时间"微调框中输入具体数值进行裁剪外，用户还可以拖动绿色滑块设置音频的开始时间，拖动红色滑块设置音频的结束时间。

12.3 添加视频

除在幻灯片中插入音频外，用户还可以在幻灯片中插入视频。在放映幻灯片时，用户可以直接在幻灯片中放映影片，使幻灯片更加丰富。本节将详细介绍在幻灯片中添加并编辑视频的相关知识。

12.3.1 插入视频

和插入音频类似，通常在幻灯片中插入的视频都是本地计算机中的视频文件。下面介绍在幻灯片中插入视频的方法。

01 打开素材文件，选中第 11 张幻灯片，选择"插入"选项卡，单击"视频"下拉按钮，在弹出的下拉菜单中选择"嵌入视频"命令，如图 12-23 所示。

图 12-23

02 打开"插入视频"对话框，选择视频所在位置，选中视频文件，单击"打开"按钮，如图 12-24 所示。

图 12-24

03 此时幻灯片中已经插入了视频文件，单击"播放"按钮，如图 12-25 所示。

04 视频开始播放并显示播放进度，如图 12-26 所示。

图 12-25　　　　　　　　　　　图 12-26

12.3.2　编辑视频

在幻灯片中插入视频后，用户还可以对视频长度进行裁剪。下面介绍在幻灯片中编辑视频的方法。

01 打开素材文件，选中第 11 张幻灯片，选中视频文件，在"视频工具"选项卡中单击"裁剪视频"按钮，如图 12-27 所示。

02 打开"裁剪视频"对话框，在视频进度条中拖动鼠标指针设置视频的"开始时间"和"结束时间"，单击"确定"按钮，如图 12-28 所示。

图 12-27　　　　　　　　　　　图 12-28

03 保持视频的选中状态，单击"视频工具"选项卡中的"开始："区域下方的"单击"下拉按钮，在弹出的下拉菜单中选择"自动"命令，此时可将视频设置为自动播放模式，如图 12-29 所示。

<u>04</u> 选择"图片工具"选项卡，单击"效果"下拉按钮，在弹出的下拉菜单中选择"发光"|"巧克力黄，18pt 发光，着色 2"选项，如图 12-30 所示。

图 12-29   图 12-30

> **提示**
>
> 目前幻灯片中可插入的视频格式有 WMV、ASF、AVI、RM、RMVB、MOV 及 MP4 等常规影片格式。

12.4 设置幻灯片动画

WPS Office 提供了强大的动画功能，使用带动画效果的幻灯片对象可以使演示文稿更加生动活泼，还可以控制信息演示流程并重点突出最关键的数据，帮助用户制作更具吸引力和说服力的动画效果。

12.4.1 进入动画

动画是演示文稿的精华，在动画中尤其以"进入动画"最为常用。"进入动画"可以实现多种对象从无到有、陆续展现的动画效果，主要包括"百叶窗""擦除""出现""飞入""盒状""缓慢进入""阶梯状""菱形""轮子"等数十种动画形式。下面以为幻灯片添加"飞入"动画效果为例，介绍进入动画的添加方法。

<u>01</u> 打开素材文件，选择第 1 张幻灯片，选中标题文本框，选择"动画"选项卡，单击"动画效果"下拉按钮，如图 12-31 所示。

<u>02</u> 在打开的"动画"选项列表中选择"进入"动画效果下的"飞入"选项，如图 12-32 所示。

图 12-31   图 12-32

03 在打开的"动画窗格"中单击"方向"下拉按钮,在弹出的下拉列表中选择"自左侧"选项,如图 12-33 所示。

04 单击"速度"下拉按钮,在弹出的下拉列表中选择"中速 (2 秒)"选项,如图 12-34 所示。

图 12-33   图 12-34

05 设置好后关闭窗格,单击"预览效果"按钮,预览添加的"飞入"效果,如图 12-35 所示。

图 12-35

12.4.2　强调动画

　　"强调动画"是通过放大、缩小、闪烁、陀螺旋转等方式突出显示对象和组合的一种动画，主要包括"放大/缩小""变淡""更改字号""补色""跷跷板"等数十种动画形式。下面以为幻灯片添加"跷跷板"动画效果为例，介绍强调动画的添加方法。

01　打开素材文件，选择第 6 张幻灯片，选中图片，选择"动画"选项卡，单击"动画效果"下拉按钮，如图 12-36 所示。

02　在打开的"动画"选项列表中选择"强调"动画效果下的"跷跷板"选项，如图 12-37 所示。

图 12-36

图 12-37

03　在打开的"动画窗格"中单击"开始"下拉按钮，在弹出的下拉列表中选择"在上一动画之后"选项，如图 12-38 所示。

04　单击"速度"下拉按钮，在弹出的下拉列表中选择"非常快(0.5 秒)"选项，如图 12-39 所示。

图 12-38　　　　　　　　　　图 12-39

05 设置好后关闭窗格，单击"预览效果"按钮，预览添加的"跷跷板"效果，如图 12-40 所示。

图 12-40

12.4.3 退出动画

"退出动画"是让对象从有到无、逐渐消失的一种动画效果。"退出动画"实现了画面的连贯过渡，是不可或缺的动画效果，主要包括"棋盘""层叠""渐变""切出""闪烁一次""下沉"等数十种动画形式。下面以为幻灯片添加"擦除"动画效果为例，介绍退出动画的添加方法。

01 打开素材文件，选择第 11 张幻灯片，选中左侧第 1 张图片，选择"动画"选项卡，单击"动画效果"下拉按钮，如图 12-41 所示。

02 在打开的"动画"选项列表中选择"退出"动画效果下的"擦除"选项，如图 12-42 所示。

图 12-41

图 12-42

03 在打开的"动画窗格"中将"开始"设置为"在上一动画之后"选项，"方向"设置为"自顶部"选项，"速度"设置为"快速 (1 秒)"选项，如图 12-43 所示。

04 选中第 2 张图片，添加"擦除"动画，将"开始"设置为"在上一动画之后"选项，"方向"设置为"自底部"选项，"速度"设置为"快速 (1 秒)"选项，如图 12-44 所示。

图 12-43

图 12-44

05 单击"Picture 4"选项右侧的下拉按钮，在弹出的下拉菜单中选择"计时"选项，如图 12-45 所示。

06 打开"擦除"对话框，在"计时"选项卡的"延迟"微调框中输入数值，单击"确定"按钮，如图 12-46 所示。

图 12-45

图 12-46

07 按照设置第 2 张图片的方法设置第 3 张图片，单击"预览效果"按钮，预览添加的"擦除"效果，如图 12-47 所示。

图 12-47

提 示

如果用户想要改变动画的播放顺序，可以打开动画窗格，在列表框选中对象，单击"重新排序"区域右侧的向上或向下按钮，调整动画的播放顺序。

12.4.4　制作动作路径动画

动作路径动画是让对象按照绘制的路径运动的一种高级动画效果，主要包括"直线""弧形""六边形""漏斗""衰减波"等数十种动画形式。下面以为幻灯片添加"五角星"动画效果为例，介绍动作路径动画的添加方法。

01 打开素材文件，选择第 2 张幻灯片，选中标题文本框，选择"动画"选项卡，单击"动画效果"下拉按钮，如图 12-48 所示。

02 在打开的"动画"选项列表中选择"动作路径"动画效果下的"五角星"选项，如图 12-49 所示。

图 12-48　　　　　　　　　　　　　　图 12-49

03 在打开的"动画窗格"中将"开始"设置为"在上一动画之后"选项，"路径"设置为"解除锁定"选项，"速度"设置为"中速(2 秒)"选项，如图 12-50 所示。

04 单击"预览效果"按钮，预览添加的"五角星"效果，如图 12-51 所示。

图 12-50　　　　　　　　　　　　　　图 12-51

12.4.5 组合动画

除了为对象添加单独的动画效果外，用户还可以为对象添加多个动画效果，且这些动画效果可以一起出现，或先后出现。下面以为文字添加"飞入"和"着色"效果为例，介绍组合动画的添加方法。

01 打开素材文件，选择第1张幻灯片，选中标题文本框，选择"动画"选项卡，单击"动画效果"下拉按钮，如图12-52所示。

02 在打开的"动画"选项列表中选择"进入"动画效果下的"飞入"选项，如图12-53所示。

图 12-52

图 12-53

03 在打开的"动画窗格"中将"方向"设置为"自顶部"选项，"速度"设置为"快速(1秒)"选项，在下方列表框中单击"标题1"右侧的下拉按钮，在弹出的下拉列表中选择"效果选项"选项，如图12-54所示。

04 打开"飞入"对话框，在"效果"选项卡的"动画文本"下拉列表中选择"按字母"选项，将"字母之间延迟"设置为20%，单击"确定"按钮，如图12-55所示。

图 12-54

图 12-55

05 继续设置动画效果，单击"添加效果"下拉按钮，在弹出的"动画"选项列表中选择"强调"动画效果下的"着色"选项，如图 12-56 所示。

06 在打开的"动画窗格"中将"开始"设置为"与上一动画同时"选项，"颜色"设置为"橙色"选项，在下方列表框中单击第 2 个"标题 1"右侧的下拉按钮，在弹出的下拉列表中选择"效果选项"选项，如图 12-57 所示。

图 12-56

图 12-57

07 打开"着色"对话框，在"效果"选项卡的"动画文本"下拉列表中选择"按字母"选项，将"字母之间延迟"设置为 40%，单击"确定"按钮，如图 12-58 所示。

08 单击"预览效果"按钮，预览添加的"飞入"和"着色"效果，如图 12-59 所示。

图 12-58

图 12-59

12.5　设置幻灯片切换动画

页面切换动画是指在幻灯片放映过程中从一张幻灯片切换到下一张幻灯片时出现的动画效果。添加页面切换动画不仅可以轻松实现画面之间的自然切换，还可以使演示文稿真正动起来。本节主要介绍设置幻灯片切换动画的相关知识。

12.5.1　页面切换效果的类型

WPS 提供了 20 种幻灯片切换效果，包括"平滑""淡出""切出""擦除""形状""溶解""新闻快报""轮辐""百叶窗""梳理""抽出""分割""线条""棋盘""推出""插入""立方体""框""飞机"和"随机"效果，如图 12-60 所示。

图 12-60

12.5.2　设置页面切换效果

普通的两张幻灯片之间没有设置切换动画，在制作演示文稿的过程中，用户可根据需要添加切换动画，这样可以提升演示文稿的吸引力。下面介绍设置页面切换效果的操作方法。

01 打开素材文件，选择第 2 张幻灯片，选择"切换"选项卡，单击"切换效果"下拉按钮，在弹出的动画列表中选择"轮辐"选项，如图 12-61 所示。

02 单击"预览效果"按钮，预览添加的"轮辐"效果，如图 12-62 所示。

图 12-61

图 12-62

> **提示**
>
> 如果要删除应用的切换动画，选择应用了切换动画的幻灯片，在"切换效果"动画列表中选择"无切换"选项，即可删除应用的切换效果。

12.5.3 设置页面切换方式

为幻灯片页面应用切换效果后，用户还可以设置其他切换方式。下面介绍设置页面切换方式的操作方法。

01 打开素材文件，选择第 2 张幻灯片，选择"切换"选项卡，单击窗口右侧的"幻灯片切换"按钮，如图 12-63 所示。

02 打开"幻灯片切换"窗格，在"换片方式"区域勾选"自动换片"复选框，在微调框中输入数值，单击"应用于所有幻灯片"按钮，如图 12-64 所示。

图 12-63

图 12-64

12.5.4 编辑切换速度和声音

除了设置切换方式外，用户还可以为幻灯片添加适合场景的切换声音及切换速度。下面介绍编辑切换速度和声音的操作方法。

01 打开素材文件，选择第 2 张幻灯片，选择"切换"选项卡，单击窗口右侧的"幻灯片切换"按钮，如图 12-65 所示。

02 打开"幻灯片切换"窗格，在"修改切换效果"区域下的"速度"微调框中输入数值，在"声音"下拉列表中选择"风铃"选项，如图 12-66 所示。

图 12-65

图 12-66

12.6 进阶技巧

本节将介绍一些应用多媒体与动画设计的技巧，用户通过这些技巧可以更进一步掌握使用 WPS Office 的方法，其中包括设置超链接到网页、设置不断放映的动画效果、自定义动画路径、在母版中创建动画，以及使用触发器控制动画等内容。

12.6.1 设置超链接到网页

在放映幻灯片时，为了扩大信息范围，可以为文本设置链接到网页的超链接。下面介绍设置链接到网页的操作方法。

01 打开素材文件，选择第 3 张幻灯片，选中标题文本，右击文本，在弹出的快捷菜单中选择"超链接"命令，如图 12-67 所示。

02 打开"插入超链接"对话框，在"链接到"列表框中选择"原有文件或网页"选项，在"地址"文本框中输入网页地址，单击"确定"按钮，如图 12-68 所示。

图 12-67

图 12-68

03 放映幻灯片，单击设置了超链接的文本，如图 12-69 所示。

04 此时出现链接到的相关网页，如图 12-70 所示。

图 12-69

图 12-70

12.6.2　设置不断放映的动画效果

为幻灯片中的对象添加动画效果后，该动画效果将采用系统默认的播放方式，即自动播放一次，而在实际工作中有时需要将动画效果设置为不断重复放映。下面介绍设置不断放映动画效果的方法。

01 打开素材文件，选择第 1 张幻灯片，选中标题文本，并打开"动画窗格"，单击动画右侧的下拉按钮，在弹出的下拉列表中选择"效果选项"命令，如图 12-71 所示。

02 打开"飞入"对话框，选择"计时"选项卡，在"重复"下拉列表中选择"直到下一次单击"选项，单击"确定"按钮，如图 12-72 所示。

图 12-71　　　　　　　　　　　图 12-72

12.6.3　自定义动画路径

如果用户对演示文稿内置的动画路径不满意，还可以自定义动画路径。下面介绍自定义动画路径的方法。

01 打开素材文件，选择第 2 张幻灯片，选中标题文本，选择"动画"选项卡，单击"动画效果"下拉按钮，在弹出的效果库中选择"自由曲线"选项，如图 12-73 所示。

02 在幻灯片中按住并拖动鼠标左键绘制动画路径，即可将选中的对象按照绘制的路径进行移动，如图 12-74 所示。

图 12-73　　　　　　　　　　　图 12-74

12.6.4 在母版中创建动画

在"幻灯片母版"视图状态下，选中第一张幻灯片母版，为其中的任意对象设置模板动画，可以将母版动画应用到所有幻灯片中。下面介绍在母版中创建动画的方法。

01 打开素材文件，选择第 2 张幻灯片，选中标题文本，选择"视图"选项卡，单击"幻灯片母版"按钮，如图 12-75 所示。

02 进入"幻灯片母版"界面，选中第 1 张幻灯片母版，选中母版标题文本框，选择"动画"选项卡，单击"动画效果"下拉按钮，在弹出的效果库中选择"进入"效果下的"轮子"选项，如图 12-76 所示。

图 12-75

图 12-76

03 选择"幻灯片母版"选项卡，单击"关闭"按钮，如图 12-77 所示。

04 放映幻灯片，查看创建的动画效果，如图 12-78 所示。

图 12-77

图 12-78

12.6.5　使用触发器控制动画

触发器可以是图片、图形或按钮,甚至可以是一个段落或文本框,单击触发器时会触发一个操作,该操作可能是播放声音、电影或动画等。下面介绍使用触发器控制动画的方法。

01 打开素材文件,选择第 1 张幻灯片,打开"动画窗格",可以看到在第 1 张幻灯片中设置了 3 个动画,单击第 3 个动画右侧的下拉按钮,在弹出的下拉列表中选择"计时"选项,如图 12-79 所示。

02 打开"飞旋"对话框,在"计时"选项卡中单击"触发器"按钮,选中"单击下列对象时启动效果"单选按钮,在后面的下拉列表中选择"文本占位符 2"选项,单击"确定"按钮,如图 12-80 所示。

图 12-79　　　　　　　　　　　　图 12-80

03 放映演示文稿,单击"年度工作总结"文字,如图 12-81 所示。

04 此时"2021"文字才出现,如图 12-82 所示。

图 12-81　　　　　　　　　　　　图 12-82

12.7　案例演练

在制作公司宣传展示演示文稿时,可以利用为幻灯片添加切换效果、为对象添加动画效果、为演示文稿添加背景音乐等手段来展现幻灯片的内容,具体操作步骤如下。

01 为演示文稿制作封面页，在封面页输入宣传展示的主题和其他信息，并制作动作按钮，如图 12-83 所示。

02 为第 2 张幻灯片中的图形组合添加"进入"|"上升"动画效果，如图 12-84 所示。

图 12-83   图 12-84

03 为第 3 张幻灯片添加"溶解"切换效果，如图 12-85 所示。

04 选择第 1 张幻灯片，为演示文稿添加背景音乐。插入背景音乐与插入音频的区别是，插入背景音乐可以在幻灯片放映时自动播放，当切换到下一张幻灯片时不会中断播放，一直循环播放到幻灯片放映结束，如图 12-86 所示。

图 12-85   图 12-86

第13章

放映与发布演示文稿

本章主要介绍放映演示文稿方面的知识与技巧，同时还讲解如何发布演示文稿，在本章的最后讲解快速定位幻灯片、为幻灯片分节、隐藏幻灯片、将演示文稿保存为自动播放的文件和放映演示文稿时隐藏鼠标指针的方法。通过本章的学习，读者可以掌握放映与发布演示文稿方面的知识。

13.1　放映演示文稿

制作演示文稿的最终目的就是将演示文稿中的幻灯片都放映出来。演示文稿制作完成后，有的由演讲者播放，有的由观众自行播放，这需要通过设置放映方式来进行控制。本节将介绍放映演示文稿的相关知识。

13.1.1　自定义演示

在放映演示文稿时，可能只需要放映演示文稿中的部分幻灯片，此时可通过设置幻灯片的自定义演示来实现。下面介绍设置自定义演示的方法。

01 打开素材文件，选择"放映"选项卡，单击"自定义放映"按钮，如图 13-1 所示。

图 13-1

02 打开"自定义放映"对话框，单击"新建"按钮，如图 13-2 所示。

03 打开"定义自定义放映"对话框，在"在演示文稿中的幻灯片"列表框中选择幻灯片，单击"添加"按钮，在"在自定义放映中的幻灯片"列表框中即可显示选中的幻灯片，如图 13-3 所示。

图 13-2

图 13-3

04 添加所有需要放映的幻灯片后，单击"确定"按钮，如图 13-4 所示。

05 返回"自定义放映"对话框，已经创建了名为"自定义放映 1"的放映，单击"放映"按钮即可开始放映选中的几张幻灯片，如图 13-5 所示。

图 13-4　　　　　　　　　　　　　　　　图 13-5

13.1.2　设置放映方式

设置幻灯片放映方式主要包括放映类型、放映幻灯片的数量、换片方式和是否循环放映等。下面介绍设置放映方式的方法。

01 打开素材文件，选择"放映"选项卡，单击"放映设置"按钮，如图 13-6 所示。

02 打开"设置放映方式"对话框，在"放映选项"区域中勾选"循环放映，按 ESC 键终止"复选框，在"放映幻灯片"区域中选中"自定义放映"单选按钮，在"换片方式"区域中选中"手动"单选按钮，单击"确定"按钮，即可完成放映方式的设置，如图 13-7 所示。

图 13-6　　　　　　　　　　　　　　　　图 13-7

> **提示**
>
> 　　幻灯片的放映类型包括：①演讲者放映（全屏幕），便于演讲者演讲，演讲者对幻灯片具有完整的控制权，可以手动切换幻灯片和动画；②展台自动循环放映（全屏幕），这种类型将以全屏模式放映幻灯片，并且循环放映，不能单击鼠标手动演示幻灯片，通常用于展览会场或会议中运行无人管理幻灯片演示的场合中。

13.1.3　设置排练计时

　　如果用户想要控制演示文稿的放映时间，可以为演示文稿设置排练计时。下面介绍设置排练计时的方法。

01　打开素材文件，选择"放映"选项卡，单击"排练计时"按钮，如图 13-8 所示。

02　演示文稿自动进入放映状态，左上角会显示"预演"工具栏，中间时间代表当前幻灯片页面放映所需时间，右边时间代表放映所有幻灯片累计所需时间，如图 13-9 所示。

图 13-8

图 13-9

03　根据实际需要，设置每张幻灯片的停留时间，放映到最后一张时会弹出"WPS 演示"对话框，询问用户是否保留新的幻灯片排练时间，单击"是"按钮，如图 13-10 所示。

图 13-10

04 返回至演示文稿，自动进入幻灯片浏览模式，可以看到每张幻灯片放映所需的时间，如图 13-11 所示。

图 13-11

13.1.4 对重点内容进行标记

在演讲的过程中，如果用户需要对重点内容进行标记，可以使用荧光笔功能。下面介绍对重点内容进行标记的方法。

01 打开素材文件，选择第 4 张幻灯片，选择"放映"选项卡，单击"排练计时"按钮，如图 13-12 所示。

02 演示文稿从第 4 张幻灯片开始放映，右击幻灯片，在弹出的快捷菜单中选择"墨迹画笔"|"荧光笔"命令，如图 13-13 所示。

图 13-12

图 13-13

03 当鼠标指针变为黄色方块时，按住鼠标左键不放，拖动鼠标即可在需要标记的内容上进行标记，如图 13-14 所示。

04 标记完成后按Esc键退出，弹出一个对话框，询问用户是否保留墨迹注释，单击"保留"按钮，如图13-15所示。

图13-14

图13-15

05 返回到幻灯片普通视图，即可看到已经保留的注释，如图13-16所示。

图13-16

13.2 发布演示文稿

制作好演示文稿后，用户可将其制作成视频文件，以便在其他计算机中播放。用户也可以将演示文稿另存为PDF文件、模板文件、文档或图片。

13.2.1 打包演示文稿

将演示文稿打包后，复制到其他计算机中，即使该计算机中没有安装WPS Office软件，也可以播放该演示文稿，下面介绍打包演示文稿的方法。

01 打开素材文件，单击"文件"按钮，在弹出的菜单中选择"文件打包"|"将演示文档打包成文件夹"命令，如图 13-17 所示。

02 打开"演示文件打包"对话框，在"文件夹名称"文本框中输入名称，单击"位置"文本框右侧的"浏览"按钮，选择保存位置，最后单击"确定"按钮，如图 13-18 所示。

图 13-17

图 13-18

03 完成打包操作后打开"已完成打包"对话框，单击"打开文件夹"按钮，如图 13-19 所示。

04 打开文件所在文件夹，可以查看打包结果，如图 13-20 所示。

图 13-19

图 13-20

💡 **提 示**

除了可以将演示文稿打包成文件夹外，还可以将演示文稿打包为压缩文件，方法为单击"文件"按钮，选择"文件打包"|"将演示文档打包成压缩文件"命令，打开"演示文件打包"对话框，设置名称和保存位置，单击"确定"按钮即可。

13.2.2 将演示文稿转换为 PDF 文档

若要在没有安装 WPS Office 软件的计算机中放映演示文稿，用户可将其转换为 PDF 文件再进行播放。下面介绍将演示文稿转换为 PDF 文档的方法。

01 打开素材文件，单击"文件"按钮，在弹出的菜单中选择"输出为 PDF"选项，如图 13-21 所示。

02 打开"输出为 PDF"对话框，在"输出范围"区域设置输出的页数，在"输出选项"区域选择"PDF"单选按钮，在"保存位置"区域设置文件保存位置，单击"开始输出"按钮，如图 13-22 所示。

图 13-21

图 13-22

03 输出成功后，单击"打开文件夹"按钮，如图 13-23 所示。

04 打开文件所在文件夹，可以查看输出结果，如图 13-24 所示。

图 13-23

图 13-24

13.2.3 输出为视频

用户还可以将演示文稿输出为视频格式，下面介绍将演示文稿输出为视频的方法。

01 打开素材文件，单击"文件"按钮，在弹出的菜单中选择"另存为"|"输出为视频"命令，如图 13-25 所示。

02 在"另存文件"对话框中选择文件保存位置,单击"保存"按钮,如图 13-26 所示。

图 13-25   图 13-26

03 打开"正在输出视频格式 (WebM 格式)"对话框,如图 13-27 所示,等待一段时间。

04 提示输出视频完成,单击"打开视频"按钮,如图 13-28 所示。

图 13-27   图 13-28

05 演示文稿以视频形式开始播放,效果如图 13-29 所示。

图 13-29

13.2.4　输出为图片

有时为了宣传和展示需要，要将演示文稿中的多张幻灯片导出并进行打印，此时可以先将幻灯片保存为图片。下面介绍将演示文稿输出为图片的方法。

01 打开素材文件，单击"文件"按钮，在弹出的菜单中选择"输出为图片"命令，如图 13-30 所示。

02 打开"输出为图片"对话框，在"输出方式"区域选择"逐页输出"选项，在"输出格式"区域选择"PNG"选项，在"输出目录"文本框中输入保存路径，单击"输出"按钮，如图 13-31 所示。

图 13-30

图 13-31

03 打开"输出成功"对话框，单击"打开文件夹"按钮，如图 13-32 所示。

04 打开图片所在文件夹，即可查看保存的图片，如图 13-33 所示。

图 13-32

图 13-33

13.3　进阶技巧

本节将介绍一些放映与发布演示文稿的技巧，用户通过这些技巧可以更进一步掌握放映演示文稿的方法，其中包括快速定位幻灯片、为幻灯片分节、隐藏幻灯片、将演示文稿保存为自动播放的文件，以及放映幻灯片时隐藏鼠标指针等内容。

13.3.1　快速定位幻灯片

在放映幻灯片时，通过一定的技巧可以快速、准确地将播放画面切换到指定的幻灯片中，以达到精确定位幻灯片的目的。下面介绍快速定位幻灯片的方法。

01 打开素材文件，选择"放映"选项卡，单击"从头开始"按钮，如图 13-34 所示。

02 幻灯片开始从头放映，右击幻灯片，在弹出的快捷菜单中选择"定位"|"按标题"命令，在弹出的子菜单中选择"7 项目团队角色与职责"选项，如图 13-35 所示。

图 13-34

图 13-35

03 此时幻灯片将跳转到第 7 张，效果如图 13-36 所示。

图 13-36

13.3.2　为幻灯片分节

为幻灯片分节后，不仅可使演示文稿的逻辑性更强，还可以与他人协作创建演示文稿，如每人负责制作演示文稿一节中的幻灯片。下面介绍为幻灯片分节的方法。

01 打开素材文件，选中第 3 张幻灯片，选择"开始"选项卡，单击"节"下拉按钮，在弹出的下拉菜单中选择"新增节"命令，如图 13-37 所示。

图 13-37

02 此时幻灯片分成两部分，并在第 3 张幻灯片上方出现"无标题节"选项，单击该选项，即可选中从第 3 张幻灯片开始往后的所有幻灯片，如图 13-38 所示。

图 13-38

13.3.3　隐藏幻灯片

演示文稿制作完成后，如果不想放映某张幻灯片，可以将其隐藏，放映演示文稿时会跳过隐藏的幻灯片。下面介绍隐藏幻灯片的方法。

01 打开素材文件，右击第 4 张幻灯片的缩略图，在弹出的快捷菜单中选择"隐藏幻灯片"命令，如图 13-39 所示。

02 此时第 4 张幻灯片缩略图左侧出现隐藏标志，放映幻灯片时即可跳过该幻灯片，如图 13-40 所示。

图 13-39　　　　　　　　　　　图 13-40

13.3.4　将演示文稿保存为自动播放的文件

演示文稿制作完成后，用户可以将其保存为自动播放的文件。下面介绍将演示文稿保存为自动播放的文件的方法。

01 打开素材文件，单击"文件"按钮，在弹出的菜单中选择"另存为"|"PowerPoint 97-2003 放映文件 (*.pps)"命令，如图 13-41 所示。

02 在弹出的"另存文件"对话框中选择保存位置，单击"保存"按钮，如图 13-42 所示。

图 13-41

图 13-42

03 打开文件所在文件夹，双击打开"产品介绍 .pps"的文件即可进行自动播放，如图 13-43 所示。

图 13-43

13.3.5　放映幻灯片时隐藏鼠标指针

放映幻灯片时，用户可以根据需要隐藏鼠标指针。下面介绍放映幻灯片时隐藏鼠标指针的方法。

01 打开素材文件，选择"放映"选项卡，单击"从头开始"按钮，如图 13-44 所示。

02 幻灯片开始从头放映，右击幻灯片，在弹出的快捷菜单中选择"墨迹画笔"|"箭头选项"命令，在弹出的子菜单中选择"永久隐藏"命令，即可将鼠标指针隐藏，如图 13-45 所示。

图 13-44

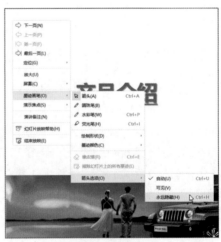

图 13-45

13.4　案例演练

本节以设置垃圾分类知识宣传演示文稿的放映为例，练习交互与放映演示文稿的相关知识，其中包括打包演示文稿、使用排练计时、自定义幻灯片放映、添加墨迹注释等，具体操作步骤如下。

01 打开素材文件，单击"文件"按钮，在弹出的菜单中选择"文件打包"|"将演示文档打包成压缩文件"命令，如图 13-46 所示。

02 打开"演示文件打包"对话框，在"压缩文件夹名"文本框中输入名称，单击"位置"文本框右侧的"浏览"按钮，选择保存位置，最后单击"确定"按钮，如图 13-47 所示。

图 13-46

图 13-47

03 打包完成后打开"已完成打包"对话框，单击"打开压缩文件"按钮，如图 13-48 所示。

04 此时自动打开压缩文件，双击压缩包中的文件即可自动播放，如图 13-49 所示。

图 13-48

图 13-49

05 返回幻灯片中，对幻灯片进行排练计时，如图 13-50 所示。

06 放映结束后，显示每张幻灯片的排练计时结果，在"放映"选项卡中单击"放映设置"按钮，如图 13-51 所示。

图 13-50　　　　　　　　　　　　　　　　　　　图 13-51

07 打开"设置放映方式"对话框，在其中设置放映方式，如图 13-52 所示。

08 为第 2 张幻灯片添加由水彩笔画出的墨迹注释，如图 13-53 所示。

图 13-52　　　　　　　　　　　　　　　　　　　图 13-53

第14章

WPS 云办公和移动端操作

本章主要介绍 WPS 云文档的办公优势、云文档同步、桌面云同步和同步文件夹的知识与技巧，同时还讲解将文档下载到手机，以及使用微信小程序快速分享文档的方法。通过本章的学习，读者可以掌握使用 WPS 云办公和移动端操作的知识。

14.1 初识云办公

云公办是指在云平台上整合所有的办公文件资源，所有的办公设备都可以通过云平台访问这些资源，从而实现办公资源的编辑和存储操作，达到降低成本、提高办公效率的目的。

14.1.1 认识 WPS 云文档

将文档保存至 WPS 云上，就可以实现云办公。而在 WPS 云中保存的文档，就称为云文档。云文档有以下办公优势。

01 可以实现办公文件云端保存，让工作更高效、便捷。开启文档云同步后，在计算机中编辑文档并保存在计算机硬盘后，使用同一账号登录手机 WPS Office，在"最近"列表中就可以看到计算机中编辑保存的文档，可直接打开并编辑文档。

02 可以实现文件自动备份，快速找回原文件。为了避免突然断电、计算机死机等情况发生，导致文档内容丢失，可以开启文档云同步，文件会自动备份到云文档。遇到突发情况可以在 WPS Office 首页"我的云文档"中搜索到备份的文件，如图 14-1 所示。

图 14-1

03 可以实现找回文档某个时间的修改的历史版本。用户在工作中需要不断地修改同一份文档，修改的次数多了，就会有多个不同编号的文档。这样不仅占用空间，查找起来也不方便。开启云同步后，选择文档名称后右击鼠标，选择"历史版本"命令，即可查看文档的历史版本，并且可以随时查看预览或恢复到某个历史版本，如图 14-2 所示。

04 可以无障碍实现与他人之间文件的安全共享。使用 WPS Office 的分享功能，可以设置文档的编辑权限，并且文件会自动保存至云端，分享接受者可在云端查看分享的文档，并可以实时查看所有文档操作记录，提高文件的安全性。

图 14-2

14.1.2　开启云文档同步

开启云文档同步后，后期编辑的文档就会自动保存至云文档中。开启云文档同步有以下几种方法。

01　打开 WPS Office 首页，单击界面上方的"尚未启用文档云同步"文字选项，如图 14-3 所示。此时在打开的下拉面板中单击"启用云文档同步"按钮，即可开启云文档同步功能，如图 14-4 所示。

图 14-3

图 14-4

02　在 WPS Office 首页上方单击"全局设置"按钮，如图 14-5 所示。在打开的"设置中心"窗口中的"工作环境"选项区域中，设置"文档云同步"为开启状态，如图 14-6 所示。

图 14-5   图 14-6

03 在计算机桌面右下角的"WPS 办公助手"图标上右击鼠标，在弹出的快捷菜单中选择"同步与设置"命令，在打开的"云服务设置"对话框中设置"文档云同步"为开启状态，同样也可以开启云文档同步，如图 14-7 所示。

图 14-7

14.1.3 开启桌面云同步

开启桌面云同步，可以将桌面上的所有文档同步至云文档，具体操作步骤如下。

01 打开 WPS Office 首页，将鼠标移至账号图标上方，在弹出的菜单中单击"云服务"选项，此时在打开的"我的云服务"窗口中的"云应用服务"下方单击"桌面云同步"选项，如图 14-8 所示。

图 14-8

02 ▷ 打开 "WPS- 桌面云同步" 对话框，单击 "开启桌面云同步" 按钮，在打开的 "WPS 办公助手" 对话框中单击 "开启云同步" 按钮，如图 14-9 所示。

03 ▷ 下面将桌面文件进行同步操作。双击计算机桌面右下角的 "WPS 办公助手" 图标，在打开的 "WPS 办公助手" 窗口中单击 "桌面云同步" 图标，如图 14-10 所示。

图 14-9　　　　　　　　　　　　　　　　图 14-10

04 ▷ 在打开的对话框中单击 "同步设置" 按钮，如图 14-11 所示。

05 ▷ 此时显示桌面的文件数目，并提示已经同步完成，如图 14-12 所示。

图 14-11　　　　　　　　　　　　　　　　图 14-12

14.1.4　开启同步文件夹

开启同步文件夹，可以将重要文件夹中的所有文档同步至云文档，具体操作步骤如下。

01 双击计算机桌面右下角的"WPS 办公助手"图标，在打开的"WPS 办公助手"对话框中单击"同步文件夹"图标，如图 14-13 所示。

02 在打开的对话框中单击"选择文件夹"按钮，然后在打开的"选择文件夹"对话框中选中需要同步的文件夹，并单击"选择文件夹"按钮，如图 14-14 所示。

图 14-13

图 14-14

03 在打开的对话框中单击"立即同步"按钮，如图 14-15 所示。

04 此时显示已经同步的文件夹名称，并提示已经同步完成，如图 14-16 所示。

图 14-15

图 14-16

14.2　在移动端同步文档

除了使用云文档同步外，用户还可以通过下载、分享等方式实现手机移动端、计算机端的文档同步管理。

14.2.1　将文档下载到手机

在使用 WPS Office 进行日常办公时，经常需要编辑各种各样的文档和表格。如果遇到外出但又需要继续编辑文档，在身边没有计算机的情况下，此时需要运用手机版 WPS Office 功能。用户可以将计算机中的文档快速下载到手机中，具体操作步骤如下。

01 打开素材文档，单击文档窗口右上角的"分享"按钮，如图 14-17 所示。

02 在打开的对话框中选择"发至手机"图标选项，然后单击下方的"发送"按钮，如图 14-18 所示。

图 14-17

图 14-18

03 此时手机端的 WPS Office 软件会发出提示，点击提示信息，即可看到发送的文档，如图 14-19 所示。

04 点击文档名称即可打开该文档，此时可以在手机端进行编辑操作，如图 14-20 所示。

图 14-19

图 14-20

14.2.2　使用微信小程序快速分享文档

微信小程序中的"金山文档"程序集成了 WPS 手机端的功能，这样用户可以在微信中实现快速分享文档的基本功能，具体操作步骤如下。

01　在手机微信小程序中搜索"金山文档"，并点击进入小程序，如图 14-21 所示。

02　选择需要分享的文档，点击文档名称右侧的"···"图标，在手机下方弹出的菜单中点击"分享"选项，如图 14-22 所示。

图 14-21

图 14-22

03　在分享界面中可以打开微信联系人名单，选中一个联系人后，点击右上角的"完成"按钮，如图 14-23 所示。

04　此时点击"发送"按钮即可把文档快速分享给联系人，如图 14-24 所示。联系人通过微信接收文件，可以直接打开文件进行查看或编辑操作。

图 14-23

图 14-24